UNE FRANÇAISE DANS L'ESPACE

CLAUDIE ANDRÉ-DESHAYS
YOLAINE DE LA BIGNE

UNE FRANÇAISE DANS L'ESPACE

·LABOR· IMPROBVS·
OMNIA VINCIT

PLON

ISBN : 2.259.18496.0

« Belle comme le jour dans son tailleur bleu nuit rehaussé d'un petit collier de perles, nerfs d'acier, santé de fer » (*L'Événement du Jeudi*)..., « Visage de ballerine du Bolchoï, grande, mince, silhouette de top-model » (*Ouest-France*)..., « Elle pourrait être comédienne comme Fanny Ardant à qui elle ressemble comme une sœur » (*Gala*)... Claudie Deshays n'a pas encore mis un doigt de pied dans l'espace qu'elle est déjà adulée par la presse et chouchoutée par le « Tout spatial ».

Il y a de quoi ! Première Française à faire le grand saut, elle est aussi – depuis le vol de Jean-Jacques Favier en juillet 1996 – le deuxième spationaute aux couleurs tricolores qui ne soit pas pilote de chasse mais scientifique. Quoi ? Une femme, qui a l'audace de ne pas faire partie de l'armée de l'air ? On croit rêver ! Dans cet univers viril et masculin, dominé par les militaires, on en avale ses galons de surprise. Pourtant, une autre femme médecin a tracé la voie avant elle : l'Américaine Rhea Seddon, chirurgien, qui a déjà volé trois fois. Son grand rêve aurait été d'opérer un de ses collègues afin de voir comment se comporteraient un ventre ouvert et des viscères libérés en impesanteur. Ses compagnons de vol étaient beaucoup moins emballés par cette perspective... Heureusement pour ses coéquipiers, Claudie ne compte pas leur faire une proposition aussi incisive. Elle veut simplement faire son travail, aussi bien – et, pourquoi pas, mieux – qu'un homme. De quoi chasser bien des idées reçues. Avec son regard déterminé, qui vous fixe sans détour, droit dans les yeux, la jolie Claudie peut tenir tête à tous les préjugés et à tous les machos, menant sa vie d'une main de fer dans un gant de velours... rien de tel pour faire fantasmer les foules ! Souriante et calme comme les athlètes qui se sont parfaitement préparés pour entrer dans la course, Claudie sait parfaitement de quoi elle est capable, habituée depuis toujours à être la première, et semble ignorer la peur, animée d'une volonté inébranlable, d'un enthousiasme à toute épreuve.

Un moral en acier trempé et un corps de mannequin, ce qui ne gâte rien ! C'est la Catherine Deneuve de l'espace, féminine et classique, comme l'aime la tradition française, chic et sans choc, avec ce zeste de froideur qui échauffe les imaginations masculines, une virilité déguisée en fleur. De quoi laisser rêveurs les cosmonautes les plus musclés...

Et nous, pauvres terriens, nous tremblons en imaginant cette immense fusée filant vers l'inconnu, emportant ces hommes et ces femmes qui vont voir ce que seuls les dieux pouvaient contempler jusqu'alors : notre planète et... notre propre image. Comment revient-on sur terre après un tel mirage ? Peut-on continuer à acheter ses petits pois au supermarché et à remplir sa feuille d'impôts comme avant ? Claudie connaîtra elle aussi le blues du retour que ressentent tous les cosmonautes, mais elle préfère ne pas trop y penser et répond inlassablement : « Je suis sereine, j'ai confiance en moi et dans la technique. »

Enfance sucre d'orge

La confiance. C'est le mot clé. Avouons que, pour Claudie, les choses ont plutôt bien commencé. Les bonnes étoiles ont éclairé ce petit berceau décoré de dentelles blanches, en ce 13 mai 1957, deux jours après le premier vol de la fusée Soyouz, un joli hasard du calendrier. Né sous le signe du Taureau, ascendant Scorpion, ce bébé va hériter d'une passion et d'un courage digne de Jeanne d'Arc, que l'on fêtera le lendemain, le 14 mai, comme chacun sait. Claudie André entendra un jour la « divine » voix du CNES l'appeler à suivre, elle aussi, un chemin étonnant et héroïque... Seigneur ! On est loin de se douter d'un tel conte de fées dans cette bonne ville du Creusot. Ici, la vie est beaucoup plus terre à terre, centrée sur les usines Creusot-Loire qui travaillent l'acier, construisent des locomotives et des moteurs de bateaux. En ces années 60, le seul nom célèbre de cette ville singulière est celui de la famille Schneider, à qui tout appartient, ou presque : usines, hôpital, école... Les statues des frères Schneider dominent, d'ailleurs, chaque place de la ville pour mieux entretenir la mémoire collective. Les gens d'ici vivent au rythme des usines. Il y a l'entrée à l'usine, la sortie de l'usine, les congés de l'usine et, un jour, la fermeture de l'usine...

Un peu à l'écart du bruit de la pointeuse, dans la grande maison isolée, au milieu des champs, Claudie vit une enfance heureuse de petite fille sans souci, entre sa sœur, Danielle, de deux ans son aînée, et son frère, Pascal, plus jeune de trois ans. École et jeux de campagne avec les petits voisins, pique-nique avec une ribambelle de cousins, balades dans les bois et goûters au chocolat... une existence joyeuse, loin de la ville industrieuse, choyée par une mère tendre comme du bon pain et des grands-parents gâteaux, qui habitent dans les environs. Son grand-père maternel est un ancien mineur reconverti dans la gérance d'un supermarché Casino. Ardu au travail, il ne jure que par Casino, d'où son surnom de « Pépé Nino ». Veuf, il vit avec sa belle-mère, passe ses heures de liberté à chouchouter ses petits-enfants et à leur offrir tout ce qui peut leur faire plaisir. Le grand-père paternel, lui, travaille à Creusot-Loire, comme beaucoup d'autres.

> C'était un ange descendu du ciel, se souvient Claudie. Adorable, prévenant, d'une réelle bonté, comme l'est mon frère, d'ailleurs, qui lui ressemble. Il nous couvrait de baisers et d'attentions. Il est mort quand j'avais quinze ans et ce fut un grand chagrin. C'était un homme merveilleux, marié à une femme très religieuse, qui avait appelé son fils Emmanuel, du nom du Christ, qui signifie « Dieu avec nous » en hébreu. Il avait eu une vie épouvantable, prisonnier pendant la guerre et surtout très malade à plusieurs reprises. On avait dû lui retirer l'œil à cause d'une tumeur et c'était notre grande joie quand il enlevait son œil de verre pour nous faire rire !

Entourée d'amour, la petite fille peut faire éclater sa joie de vivre, mais le bonheur compte aussi ses heures de tristesse, quand son père fait sa valise. Ingénieur, il teste des moteurs électriques ou à gaz, part en Pologne, en Indonésie, dans le Sahara et, parfois, en pleine mer pour faire des essais sur des bateaux. Des contrées lointaines dont Claudie cherche les noms en suivant la carte, de son doigt potelé. Chagrin des absences et joie des retrouvailles, toujours accompagnées d'un petit cadeau, d'un de ces objets-souvenirs qui ponctuent les enfances heureuses. La petite Claudie admire ce père qui rapporte dans ses bagages des histoires fantastiques et des horizons d'une autre couleur. Son imagination d'enfant vole à travers le monde et lui donne, pour toujours, la soif de connaître, de voyager, de découvrir. Et quand papa revient c'est la fête ! Il raconte plein d'histoires, et Loli – surnommée ainsi parce que sa sœur n'arrive pas à prononcer son nom – adore aller, sa menotte bien au chaud dans la main paternelle, suivre une « Conférence du Monde » et écouter un explorateur évoquer ses aventures, dignes d'un roman de Jules Verne. Les voyages pour de vrai, comme les grands, se font chaque été. Toute la famille part en camping en Bretagne ou en Vendée, à Saint-Jean-de-Mont. Parfois, on loue une maison au bord de la mer, une de ces grandes maisons où l'on rapporte du sable entre les orteils, un ballon à la main. Mais les André ne sont pas du genre transat et grasse matinée : visites de musées, grandes virées touristiques, natation, vélo, tennis et plongée, le soir, dans les guides, pour découvrir l'histoire de la région. Si ça ne vous fait pas des petits intellos, ça !

> J'avais une image très stimulante de mon père, explique Claudie. C'était quelqu'un de très énergique, qui n'avait pas eu la chance de faire les études qu'il méritait et qui s'est « fait » tout seul, passionné par son travail et doté d'une très forte volonté : rien ne lui était impossible. Je me souviens, quand il a dû apprendre l'anglais, il est allé acheter des cassettes, a travaillé avec acharnement à la maison tout seul, et deux mois plus tard, il parlait anglais ! J'étais éperdue d'admiration pour cet homme que rien ne décourageait, qui ne se plaignait jamais. Et, forcément, je voulais ressembler à ce modèle, réussir tout ce que je voulais, moi aussi !

Si elle aime bien sa Barbie, elle s'éclate aussi avec « Le petit chimiste », manipule les éprouvettes du « Savant en culottes courtes » et part à l'assaut d'un monde infiniment petit en passant des heures sur son microscope. Elle veut tout connaître, ne tient jamais en place et grimpe aux arbres comme les garçons. Casse-cou, elle envoie sa sœur « Dani » dans un cactus sans faire attention lors d'une partie de cache-cache et casse le bras de son petit frère en jouant au chat et à la souris. Avec un dynamisme à revendre, elle aime mener sa bande, organiser des répétitions de théâtre dans le garage et des compétitions de sport.

> Avec nos cousins, raconte sa sœur Danielle, nous allions tous les dimanches au bord de la Saône dormir sous la tente et nos grands jeux étaient de traverser le fleuve ou de faire des compétitions de footing. Claudie mettait un point d'honneur à gagner. Elle voulait toujours être la première. Et elle n'était pas la dernière pour les plaisanteries ! C'était un vrai clown, elle adorait amuser la galerie, et tout le monde la connaissait pour ses fous rires. Elle faisait des cabrioles, se prenait les pieds dans le tapis, et si, aujourd'hui, elle est tenue dans un rôle sérieux, responsable d'une mission importante, elle retrouve sa nature spontanée et drôle dès qu'elle est à l'aise. Récemment, pour un réveillon, elle a fait hurler de rire mes enfants en se déguisant en clown.

Rigolote mais aussi sérieuse, notre Claudie ! Souvent, quand ses amies s'amusent à l'élastique, elle préfère se plonger dans un livre qui l'emmène ailleurs. Romans classiques et d'aventure, encyclopédies de la nature, ouvrages d'art et de biologie, elle dévore tout ce qui lui tombe sous la main. Comme l'animal de son signe, elle fonce tête baissée vers ce qui est nouveau, ce qu'elle ne connaît pas encore, curieuse, depuis toujours : sa mère se souvient en riant des premières tétées de Claudie, tout un poème !

> Je devais me cacher avec elle, dans un coin très calme, car au premier bruit elle s'arrêtait de boire pour regarder ce qui se passait, tout l'intéressait, une voix, un bruit, une couleur, et elle en oubliait de téter. Aucun de mes autres enfants n'a été comme ça. Au point que j'ai dû cesser d'allaiter quand elle a eu trois mois, pour qu'elle puisse se nourrir correctement. Mais même sur la chaise haute, elle était toujours aussi attentive à tout, beaucoup plus amusée par les oiseaux de dehors que par la bouillie aux poireaux ! Une fois, quand elle avait six mois et le bavoir autour du cou, je lui ai donné un livre d'images sans prêter attention, pour l'occuper. Aussitôt, elle l'a remis dans le bon sens et examiné attentivement. Là, on a vraiment été étonnés avec mon mari.

Loli n'a pas l'intention de perdre son temps. Les signes du talent sont d'ailleurs précoces, dès qu'elle rentre à l'école de la Mouillelongue, dont le drôle de nom rappelle l'humidité qui régnait autrefois en ce lieu. C'est une maternelle d'avant-garde puisque indépendante, et non rattachée à une école primaire comme elles le sont toutes à l'époque, avec sa propre directrice, installée dans des locaux très modernes sur un seul niveau, face à une cour pleine d'arbres agrémentée d'un joli petit pont. Cela nous change de la vieille bâtisse avec ses trois marronniers ! Une de ses maîtresses, Mme Loreau, coule une larme de tendresse en se souvenant de la petite Loli :

> C'était une adorable petite fille, très ouverte, épanouie et simple. Comme elle accompagnait sa grande sœur à l'école, elle voulait absolument venir, elle aussi, et ne pas rester toute seule à la maison, alors sa maman l'a inscrite dès l'âge de deux ans, un an avant les autres. Je la vois encore soulevant, un jour, sa

petite robe, pour me montrer un maillot de corps et me dire : « Tu sais, Mamie grande, elle m'a mis une chemise de Manu ! » Elle était si fière qu'on lui prête un vêtement ayant appartenu à son père ! Elle aimait bien dire des choses différentes des autres, se singulariser, et en deuxième année, quand sa sœur était en grande section, elle me disait : « Tu veux que j'écrive comme Dany ? » et elle s'amusait à refaire les mêmes exercices que sa sœur. Du coup, elle a appris à lire toute seule, par imitation, vers quatre-cinq ans, et avait déjà quelques notions d'écriture. Alors, on lui a fait sauter la moyenne section, ce qui lui donne deux années d'avance au total. On voyait bien qu'elle était éveillée, mais jamais on n'aurait imaginé qu'elle aille si loin... !

Claudie est douée mais elle est surtout extraordinairement tenace, exigeante, persévérante. Elle ne réussit pas dans la facilité. Elle travaille – et travaillera toujours – beaucoup. Faire les choses parfaitement bien. Telle sera sa devise. Elle ressemble tant à ce père modèle qu'elle veut séduire pour s'en faire aimer davantage...

Mais il faut lui plaire avec des projets qui en valent la peine. De grands rêves, de véritables ambitions, alors, s'il vous plaît, ne lui demandez pas de mettre le couvert ! Mademoiselle a beaucoup trop de choses intéressantes à faire, par ailleurs ! Heureusement Danielle est là, toujours prête à rendre service, plus complaisante pour faire la vaisselle et plus douce pour supporter le « sacré caractère » de sa petite sœur. Mais ni elle, ni personne ne peuvent empêcher les scènes entre Loli et son père. Leurs tempéraments trop proches font des étincelles, et les affrontements sont très fréquents. Est-ce aussi parce que M. André aurait voulu un fils comme deuxième enfant ? Les parents font souvent subir inconsciemment leurs rêves à leurs enfants et, à l'époque, on ne lit pas Dolto dans le texte ! Mais Claudie a de quoi se défendre :

elle veut faire ce qu'elle veut, comme elle veut, quand elle veut. Et s'il le faut, elle ne prendra pas de dessert, na ! Inutile d'y revenir, elle ne cédera pas. Plutôt mourir. Elle est prête à combattre, et on l'a déjà vue, à la maternelle, se disputer avec une petite fille et la mordre jusqu'au sang. Quand, un jour, la dame de service veut la calmer et la tenir par la main, elle s'énerve : « Mais elle mord comme un petit chien, cette enfant ! » La vie n'est pas toujours facile et les autres parfois agaçants. Premières contradictions, premières frictions...

> C'est vrai que Claudie a toujours eu un caractère très fort, reconnaît son frère Pascal. Nous avons tous des souvenirs de scènes mémorables entre elle et mon père qui était intraitable avec elle, même s'il en était très fier. Mais Claudie est comme ça, elle donne tout ou rien, en amour, dans le travail, dans la vie, elle est très entière. A sa communion, par exemple, elle s'est vue en photo, chose rare car elle détestait qu'on la prenne en photo, et elle s'est trouvée trop ronde. Elle nous a dit : « Ce n'est pas possible ! » et six mois plus tard, elle avait fondu ! Avec Danielle, elles m'ont beaucoup chouchouté, j'étais le petit frère chéri ! J'adorais les trains électriques et, vers dix ans, j'ai commencé à construire un grand circuit. Même ça, c'est devenu une vraie passion ! Elles m'offraient régulièrement des rames ou des wagons et, à la fin, il faisait quatre mètres sur trois et occupait tout le grenier !

Ce tempérament très fort lui posera quelques problèmes. A l'école, on la trouve agitée, dissipée et bavarde : puisqu'elle comprend toujours plus vite que les autres, il faut bien passer le temps ! Si elle collectionne les bonnes notes, elle accumule aussi les avertissements pour mauvaise conduite. C'est par le sport que notre forte tête va découvrir la discipline et l'esprit d'équipe. Dès l'âge de six ans, elle va se plonger dans l'ambiance des stades. Elle adore regarder son père jouer au rugby et s'entraîne avec sa sœur au cours de gymnastique, deux à trois fois par semaine, sans compter les compétitions du weekend. Travail à la poutre, barres asymétriques, cheval d'arçons ou acrobatie au sol, il faut répéter inlassablement chaque geste, perfectionner le moindre détail, toujours progresser, ne jamais reculer. Comment décevoir tous ceux qui vous suivent avec tant d'espoir ? La vie de tous les jours elle-même devient différente car il lui faut maintenant surveiller son corps, son alimentation, son attitude. Rude école que celle de la gymnastique de compétition ! On y apprend la volonté, la persévérance, l'hygiène de vie et le sens de la discipline.

> Le sport a été – et reste encore – quelque chose de très important dans ma vie, explique Claudie. Cela m'a beaucoup aidée, notamment à l'adolescence où j'étais, comme toutes les filles de mon âge, plutôt mal à l'aise dans ce corps qui évoluait trop vite. Je me souviens avoir eu terriblement honte de ma poitrine. Un maillot de gymnastique moulant sur un torse de petite fille, c'est adorable, mais, par la suite, tout change, et je n'arrivais pas à accepter ces formes, presque indécentes. J'avais tendance à me voûter pour me cacher, et la gymnastique m'a obligée à me regarder en face sans rougir, à me redresser, le dos mais aussi la tête ! Le sport m'a aidée aussi à connaître mes limites et celles que vous imposent les autres. Les comprendre sans se laisser freiner dans ses objectifs, c'est souvent délicat. Jusqu'où peut-on aller pour obtenir ce que l'on veut ! Je pense être allée souvent très loin.

La gymnastique est, en effet, un excellent apprentissage pour Claudie, déjà douée, on l'a dit. Exaspérément douée. En sport et à l'école. Toujours la première en classe, elle rentre en « cours préparatoire » avec un an d'avance puisqu'elle sait déjà lire, puis saute une autre classe pour se retrouver avec deux ans d'avance et les félicitations de ses instituteurs... ou parfois leur agacement : les autres ne vous pardonnent pas toujours d'être meilleur qu'eux. Cette maîtresse avait l'air un peu énervée quand elle a lancé, l'œil noir : « Cette Claudie, elle n'est pas normale, elle sait tout ! » Oui, madame, non seulement elle travaille bien, mais pire, elle aime ça ! Son parcours sera scientifique bien sûr, en « C », avec latin, grec, anglais, espagnol, et si elle avait pu choisir encore d'autres matières, elle l'aurait fait sans hésiter, rien que pour le plaisir ! Dès les petites classes, elle étonne les enseignants par sa façon de tout comprendre plus vite que les autres, par sa volonté d'apprendre, de bien faire. Sa mère s'amuse à certains souvenirs :

> Un jour, à la sortie de l'école, la directrice est venue me voir pour se plaindre de Claudie qui avait été très dissipée. Elle n'était vraiment pas contente et la petite l'a foudroyée du regard. Je me souviendrai toujours de ses yeux, ils lançaient des éclairs ! Elle avait l'air vraiment déterminée. Je pense que la directrice n'a pas dû oublier non plus. Claudie avait été très vexée. Elle n'a pas supporté de tels reproches. Du coup, il n'y a plus jamais eu de problèmes. Elle est devenue très disciplinée et je n'ai plus jamais eu la moindre réflexion. Elle a toujours eu cette volonté. Quand elle voulait quelque chose, elle devait l'obtenir. Et quand elle ne voulait pas quelque chose, vous pouviez toujours insister, en vain !

Notre bûcheuse adore lire, et même quand c'est son tour de vaisselle, il y a toujours un livre grand ouvert sur un coin de l'évier. Elle travaille sans cesse, se traîne à l'école quand elle est malade, et il faut souvent éteindre la lumière tard le soir, malgré ses protestations véhémentes, pour l'obliger à dormir. Si on ne l'arrêtait pas, elle y passerait la nuit ! A l'âge des premières émotions de jeunes filles, elle laisse à sa sœur les jolies robes, les battements de cils devant les garçons, les fous rires entre amies et les premières chansons. Tous ces frous-frous ne la passionnent guère. Ses souvenirs à elle sentent davantage l'odeur de papier et d'encre des bibliothèques que celle de parfums au patchouli et du Coca-Cola que l'on boit dans les surprises-parties ! Ce garçon manqué préfère les virées en bicyclette, les pique-niques organisés avec les copines du catéchisme et les après-midi en compagnie de quelques lunetteux besogneux autour d'une version latine quand les autres flirtent sur « Let it be » des Beatles. Et puis, cela ne se fait pas ! Avec une famille très pratiquante, une éducation religieuse stricte et une grand-mère qui récite son chapelet toute la journée, ses valeurs sont celles d'une jeune fille de province qui va à la messe le dimanche et passe le samedi, à l'Aumônerie, pour rendre visite à des personnes âgées ou faire la quête pour les aveugles. On ne glousse pas devant les garçons, on ne vole pas, on ne ment pas, on finit son assiette car les petits Chinois aimeraient bien manger la même, on partage et on aime les autres, tout du moins on essaye ! Et quand parfois on doute, que l'on se demande à quoi tout cela sert, on trouve la réponse dans les yeux tendres d'une mère ou dans la parole sage d'un grand-père. Une famille unie, soudée, qui vous bâtit une personnalité solide comme un roc !

> La solitude, je l'ai plus souvent cherchée que subie, reconnaît Claudie. Pour avancer à mon rythme dans mon appétit de découvrir la vie, me donner les moyens de réussir. Toute cette époque est un souvenir merveilleux. Nous étions très heureux tout en étant cadrés par un code de conduite, un sens de la morale. Mais, parfois, on est assailli par les ques-

tions, est-ce la bonne direction, est-ce le bon moyen ? Quand on a déjà creusé l'écart avec les autres, sauté quelques étapes, et que l'on n'a pas forcément l'expérience requise, il est difficile de rétablir le contact, de demander conseil. Quand vous êtes petite et que vous sentez que les enfants de votre âge comprennent moins vite que vous, il se crée forcément une distance qui n 'est pas très facile à gérer. Pourtant, je le sais maintenant, même quand on se donne les moyens d'être seul responsable de son destin, on ne se fait jamais tout seul.

De l'adolescence à la Lune

C'est un autre, en effet, qui va lui tracer sa voie : Armstrong, le deuxième homme après Tintin à avoir marché sur la Lune. Elle s'en souvient comme si c'était hier. Un éblouissement, un choc, une image qui va bouleverser sa vie et celle de milliers d'êtres humains rivés devant leur télévision ce 21 juillet 1969 pour assister, en direct, à l'apothéose d'un rêve aussi vieux que l'humanité. Car depuis toujours les hommes n'auront cessé d'imaginer les scénarios les plus fous, rêvant comme Victor Hugo dans *La légende des Siècles* de ce

Vaisseau puissant et superbe [*qui*] *monte, monte,*
[*monte encore*
Au-delà de la zone où tout s'évanouit,
Laissant derrière lui la douleur, le péché, le remords,
Tous les spoliateurs et les corrupteurs, les pestes et les
[*forfaits.*

Pour cet été 1969, la famille André fait du camping à la Grande Motte et assistera au grand show américain sur son petit écran. Ce soir du 21 juillet, il fait merveilleusement doux, on a installé le poste de télévision sous le ciel rempli d'étoiles. Les enfants sont là aussi, les yeux bordés de reconnaissance à l'idée de passer une nuit blanche avec leurs parents. Chez les André, on a pourtant fini par s'assoupir, sauf Claudie et son père qui, pour rien au monde, ne manqueraient un tel spectacle ! L'ambiance est joyeuse, on vit intensément ces heures uniques, on grignote, on discute, on rit, on blague sur cet « an 2000 » fantastique, les allers-retours au bureau en soucoupe volante, les déjeuners de pilules bleues et les vacances sur Mars, quand tout d'un coup... on retient sa respiration, ça y est ! Neil Armstrong a posé son pied sur la Lune, il marche, il « vole » sur cette étrange planète silencieuse et déserte. Il plante le drapeau américain et prononce la fameuse phrase : « C'est un petit pas pour l'homme, mais c'est un bond de géant pour l'humanité »... Le monde entier applaudit à tout rompre ; à chaque coin de la planète, des hommes lèvent leurs visages vers le ciel pour accompagner les héros de l'espace, des enfants poussent des cris de joie, sans toujours bien comprendre la portée extraordinaire d'un tel événement. Les yeux se remplissent de larmes car, on le sent, plus rien ne sera comme avant. Claudie a douze ans, l'âge des coups de foudre et des grandes résolutions. Et, ce soir, quelque chose s'est passé ; de très fort. Un jour, elle aussi, elle vivra une grande aventure ! Et même, s'il faut, elle vaincra ses frayeurs et ira jusqu'au bout, par inconscience ou par orgueil.

> Elle a toujours eu des réactions très déterminées, explique sa mère. Par exemple, cette histoire qui restera dans les annales de la famille : nous nous promenions dans le Morvan au bord d'une cascade de quinze mètres de hauteur. Elle a voulu absolument

> sauter dans l'eau, par défi, mais, la troisième fois, elle a glissé. En voulant la rattraper, je me suis moi aussi cassé la figure. Elle a réussi, je ne sais vraiment pas comment, à s'accrocher à un rocher et s'en est sortie avec un sang-froid parfait. Mais moi j'ai dévalé toute la cascade en hurlant devant sa sœur qui criait de peur. Vous imaginez dans quel état j'étais à l'arrivée ! Pour Claudie, ce n'était qu'un incident, mais moi j'ai dû rester huit jours au lit pour m'en remettre.

Un incident qui lui a fait terriblement peur à elle aussi. Mais Claudie a horreur de se plaindre et de montrer ses faiblesses. Par fierté plus que par témérité, d'ailleurs, car le garçon manqué grimpe moins souvent aux arbres et joue moins les casse-cou. Le temps se charge en douceur des métamorphoses, et la petite boulotte est devenue une jeune fille mince et jolie.

> Enfance, adolescence, je ne sais pas trop bien quand l'une s'est terminée et l'autre a commencé, remarque Claudie. En avance à l'école, j'étais toujours la plus jeune, donc un peu plus protégée, toujours considérée comme une enfant. C'était une période heureuse et insouciante. Avec la gymnastique sportive, j'évoluais dans un monde basé sur la camaraderie et la discipline. Réussir à faire un salto ou un flip arrière était un but, vis-à-vis des autres et vis-à-vis de moi-même.

C'est un peu comme une enfant qu'elle va vivre sa première histoire d'amour. Elle a quinze ans et prépare son baccalauréat avec un ami d'école, Paul Deshays. Du devoir de physique aux premiers baisers, il n'y a qu'un geste, qui conduira au mariage quelques années plus tard, tout simplement, sans se poser de questions. Les choses sont ainsi faites et l'avenir déjà tracé dans son esprit de matheuse : quand on aime, on se marie. Nos deux tourtereaux apprécient les mêmes choses, le sport et l'école. Ils planchent « en cœur » sur leurs devoirs et regardent ensemble vers les mêmes équations, ils sont contents de se retrouver en classe et partagent les mêmes passions... Ne serait-ce pas ce que l'on appelle l'amour ? Ça doit être ça. Comment en serait-il autrement, et, d'ailleurs, qui peut lui dire ce qu'est l'amour ? Claudie est décidée ; elle a trouvé son prince charmant et portera robe blanche pour qu'ils soient heureux et aient beaucoup d'enfants. Ce coup de cœur précoce étonne son entourage, mais le dialogue n'est pas toujours facile quand on est une adolescente encore mal dans sa peau, que l'on rêve d'indépendance et de nouveaux horizons. On ne sait pas toujours trouver les mots... A côté de sa grande sœur qui fait battre les cœurs dans les surprises-parties, Claudie continue de cacher son visage quand on veut la photographier, comme quand elle était petite ; persuadée qu'elle n'est pas assez belle, qu'elle ne mérite pas une telle attention, un tel regard. Qu'on ne l'aime pas assez, peut-être. Difficultés de l'adolescence, quête d'absolu, envie d'un ailleurs... Claudie découvre chez sa future belle-famille un autre milieu, plus libre, plus facile, plus fortuné. Les Deshays sont des commerçants aisés qui l'accueillent les bras ouverts et la couvrent de cadeaux, lui offrent de belles chaussures ou des imperméables qui portent des noms de marques célèbres dont les André ignorent même l'existence. La mère de Paul se prend de passion pour cette adolescente brillante dont l'avenir semble si prometteur. Le père, concessionnaire automobile et pilote d'avion à ses heures perdues, est enchanté d'emmener les deux amoureux sur les terrains d'aviation. Claudie aime sa droiture d'esprit et son bon sens. Et puis il y a le beau Paul, de quatre ans son aîné – aussi en retard qu'elle est en avance dans les études ! –, complice et rassurant, tendre et attentif. Tout cet entourage va lui donner un peu de cette confiance en soi qui lui manque, car la bonne élève est plus fragile qu'elle ne le paraît. Trop exigeante, trop anxieuse, elle revient toujours désespérée de ses examens, persuadée qu'elle a échoué, refaisant aussitôt le moindre exercice pour trouver la faille, le détail qui a péché. Et, toute sa vie, elle aura besoin de cette aide, de ce soutien des autres, d'un encouragement, d'une épaule forte, d'un regard tendre pour s'épanouir et... d'une main secourable pour aller faire les courses. Les choses matérielles ce n'est pas son fort.

Avec cette seconde famille s'ouvre un autre horizon, le plus beau, le plus grand, le ciel ! Les amoureux passent leurs week-ends, main dans la main, à regarder les avions danser au-dessus des nuages, sur le terrain du petit aéro-club de Pouilloux, près de Dijon. C'est sa première approche du monde aéronautique. Planante, même si elle n'éprouve pas encore l'envie de voler de ses propres ailes. Pour l'instant, Claudie a les pieds sur terre et bien d'autres choses en tête : elle passe son bac. Elle le réussit, avec mention bien sûr, qui en aurait douté ? Même si ce n'est qu'une mention Bien ! Maintenant que ce premier diplôme est dans la poche, la voie est ouverte ! Bonne en maths et en philo, elle n'a que l'embarras du choix, mais c'est bien difficile à quinze ans de décider de son avenir. Son père est exigeant sur les études de son fils, l'héritier, qui devra être ingénieur, comme lui, mais moins difficile en ce qui concerne sa fille. Il fait partie d'une génération qui a appris à protéger les faibles femmes, ces ravissantes créatures si douées pour élever les enfants et servir le thé. Le reste... Quant à sa mère, elle sait mieux faire les confitures que les plans de carrière. Ses professeurs, par contre, ont un avis tranché sur la question : elle est brillante et tenace, qu'elle tente Polytechnique ! Mais trop de maths l'effraie alors qu'elle adore le sport. Sa sœur, comme son fiancé, ont choisi le professorat d'éducation physique... pourquoi pas elle ? Parce qu'elle est trop jeune ! Impossible d'obtenir une dispense : si elle a pu passer son baccalauréat avec deux années d'avance, elle ne peut envisager aujourd'hui une carrière sportive de haut niveau. Qu'importe ! Elle est bien décidée, au désespoir de ses professeurs et à la joie de son père, sportif dans l'âme. En attendant d'atteindre l'âge voulu, elle va commencer la faculté de médecine à Dijon. L'étude du corps l'aidera à perfectionner son niveau sportif et à prendre le départ pour la grande course qui commence.

1972 : Envol pour le monde extérieur

Quitter sa famille douillette et la petite ville de Creusot est déjà une aventure. Pour qu'elle ne se sente pas trop perdue à Dijon, on l'envoie avec sa sœur dans un foyer de religieuses, à Saint-Joseph, puis à Saint-Dominique, où elle retrouve une atmosphère protégée, studieuse et familiale, entourée de nouvelles camarades qui préparent math-sup, HEC ou khâgne. Mais on n'est pas là pour rigoler !

Dans ce monde clos et douillet, tout le monde travaille, sans prêter attention à ce qui passionne les jeunes du même âge, les boums, le flirt, la politique ou les hit-parades. Tandis que son fiancé prépare son CAPES d'éducation physique, la vie continue, réglée comme du papier à musique, facile et heureuse, car Claudie découvre une nouvelle passion : la médecine, l'art de comprendre les règles de ce corps qu'elle a appris à maîtriser. Ses études l'enthousiasment et lui réussissent : major sur six cents candidats en fin de première année, elle semble avoir trouvé sa voie.

> Quelle émotion, ce jour-là ! se souvient Claudie. J'étais avec ma mère et ma sœur. Très fière et horriblement intimidée. Dans l'amphithéâtre bondé, quand il a fallu que je descende les escaliers jusqu'à l'estrade, sous les applaudissements de tout le monde, pour choisir entre médecine ou dentaire, j'étais tellement troublée que je n'arrivais pas à signer le registre.

Et c'est parti pour un nouveau défi : médecine ! Une rigueur intellectuelle qui lui correspond bien et un nouveau regard sur les choses, plus humain, plus proche des êtres et de leur quotidien. Avec ses premiers stages à l'hôpital, la jeune fille en fleur, choyée et protégée, découvre le malheur des autres. La bonne élève qui ne connaît la vie qu'à travers les livres se plonge dans un monde concret, celui de la souffrance, d'une réalité souvent cruelle, du malheur de tous les jours. Elle va apprendre à écouter un patient, décrypter certains signes, comprendre son histoire, analyser les symptômes, choisir les examens appropriés et proposer un diagnostic... C'est comme un jeu de piste à travers le corps, avec un but précis, la guérison, la douleur qui s'atténue, un soulagement, un sourire... la plus belle des victoires ! Ce pouvoir extraordinaire sur l'autre, elle le découvrira au cours de ses remplacements de médecine générale pour le vivre pleinement, passionnément, jour après jour.

Le temps passe vite en faculté de médecine, et, à dix-huit ans, on fête ses fiançailles. « Pourquoi si jeune ? » lui demandent ses parents, un peu effrayés par ce garçon qui roule déjà en voiture, pensez, à son âge, pfff... « Puisque le problème se pose déjà pour mes études, j'ai au moins l'âge de me marier ! » répond-elle avec la logique de la jeunesse. Le raisonnement ne va guère plus loin. Claudie est impatiente de fonder son propre foyer, de vivre sa liberté, et imagine mal la solitude. L'idée de se retrouver dans un petit studio, de gérer un budget, de perdre du temps à passer l'aspirateur et à faire mijoter le pot-au-feu ne l'émoustille pas du tout : elle a déjà tant de choses à faire, à découvrir et à approfondir ! D'autant qu'avec son fiancé elle a trouvé une vraie complicité ; ils partagent les mêmes émotions et voient la vie de la même façon...

> En fait, quand on connaît Claudie, ce n'était pas très étonnant, constate sa sœur Danielle. Elle a toujours eu besoin d'avoir quelqu'un à ses côtés. Ayant quitté la cellule familiale, elle avait envie de recréer un foyer, c'est tout simple ! Par la suite, d'ailleurs, elle sera toujours accompagnée par un homme responsable, plus mûr. Malgré ses fiançailles, elle passait surtout son temps à travailler, parfois des nuits entières, avec une tomate et un Thermos de café ! Mes parents lui achetaient des tonnes de livres, qui sont toujours à la maison d'ailleurs !

Deux ans plus tard, nos deux fiancés se marient. Une cérémonie simple et joyeuse, qui ne marque aucune rupture dans sa vie. Elle est seulement passée d'un cocon familial à un autre et continue de se laisser aimer, cajoler, sans se poser trop de questions, entre les études de la semaine, les révisions du soir et les week-ends sur un cours de tennis ou un parcours de golf. Sa façon d'apprendre à skier est révélatrice : blottie derrière son mari, ski contre ski, en répétant les mêmes gestes, selon la méthode classique appliquée aux enfants. Très vite, l'élève dépasse le maître et dévale la piste noire, le bâton conquérant. Le sport reste leur grande passion. Parfois, ils partent dans leur joli coupé d'où émergent des montagnes de bagages, de vélos et de planches à voile, pour camper aux Sables d'Olonne ou ailleurs. Ils ont gardé un souvenir ému d'une croisière à Antibes avec des amis, agrémentée d'un incident technique qui a bien failli les faire tous plonger.

> Nous étions à peine partis que l'eau a commencé à envahir le bateau de toutes parts, raconte Paul, son mari. C'était l'horreur ! Les quelque deux cents litres de la soute étaient en train de se vider à grande vitesse, il n'y avait pas une minute à perdre, mais nous étions tous au bord de l'apoplexie car il faisait une chaleur épouvantable, et l'horrible odeur du mazout nous donnait mal au cœur. Claudie a été la seule capable de réagir, elle a vidé toute l'eau, toute seule, pliée en quatre dans la soute, tandis que le reste de l'équipage était à moitié malade, la tête par-dessus bord. Nous étions tous très impressionnés par son sang-froid. Pourtant, elle n'a rien, à première vue, d'une amazone. Elle est plutôt discrète, pas du genre à rouler des mécaniques, mais c'est dans des mésaventures de ce genre qu'on se rendait compte de son extraordinaire résistance physique mais aussi mentale.

Ces quelques moments d'insouciance trouvent une maigre place au milieu des tonnes de livres et de dossiers qui ponctuent les journées de nos jeunes mariés. La majeure partie de leur vie nuptiale se passe côte à côte, sur un bureau. Des enfants ? Bien sûr, mais un peu plus tard, après avoir trouvé un vrai métier. Toujours aussi exigeante avec elle-même, Claudie sait qu'elle doit, auparavant, travailler avec acharnement pour réussir.

> Je n'ai pas consacré beaucoup de temps à l'aspect privé de ma vie, reconnaît-elle aujourd'hui. J'avais

toujours le nez dans mes livres à préparer mes examens. Mon mari pensait à tout pour moi, s'occupait des contingences matérielles qui ne m'ont jamais intéressée et m'apportait l'affection, la joie de vivre, la complicité et le bien-être dont j'avais besoin, tout cet équilibre affectif nécessaire pour faire le plein d'énergie et avancer. J'ai eu du mal à passer à l'âge adulte, si toutefois j'ai franchi un jour le pas ! Vouloir devenir cosmonaute, c'est encore une façon de rester un peu enfant.

Claudie poursuit ses rêves et les réalise. Le fonctionnement du corps continue de la fasciner et guide désormais ses choix universitaires, vers des études toujours supérieures : traumatologie sportive, rhumatologie, physiologie du mouvement. Avant d'être amenée, en toute logique, à étudier le corps en microgravité, en absence de pesanteur, elle tente déjà de comprendre ses réactions au sol, écrasé par la gravité de notre bonne vieille Terre. Pourquoi la machine s'enraye-t-elle ? Comment un souci professionnel ou familial peut-il se répercuter dans le dos ou dans le cou ? Un problème passionnant pour cette sportive aux muscles longs et au corps solide, qui supportera, un jour, mieux que d'autres les horreurs de la centrifugeuse... Avec la rhumatologie, elle va rencontrer beaucoup de personnes âgées, enchantées d'être soignées par cette ravissante jeune fille. « Vous êtes mon rayon de soleil », « Mon petit-fils est encore célibataire, j'aimerais tant vous le présenter », lui disent de charmantes vieilles dames qui ont sorti leur plus beau napperon de dentelles pour la recevoir. Mais Claudie est déjà mariée, désolée ! Ce qui l'intéresse, c'est de soulager la douleur, faire le bon diagnostic, écouter, comprendre et conseiller, un rôle qui devient encore plus difficile lors de ses gardes nocturnes. C'est une plongée dans le monde de la souffrance, quand on se retrouve dans le silence de la nuit, seule, face à une urgence, à un inconnu qui souffre, quand il faut prendre une décision rapide et en mesurer les conséquences, quand on se sent responsable de la tragédie des autres... Des émotions très fortes qu'elle voudra retrouver le long de sa carrière, lors de son vol spatial peut-être ?

Après toutes ces années d'études et l'obtention de son doctorat en médecine à Dijon, la petite fleur de province monte à la capitale en 1981 pour continuer sa formation à l'hôpital Cochin et accumuler les diplômes : CES de biologie et de médecine du sport, CES de rhumatologie, DEA de biomécanique et physiologie du mouvement, sans oublier un CES de médecine aéronautique et spatiale, un domaine que Claudie commence à connaître après ses nombreux week-ends sur des terrains d'aviation avec son beau-père. Une façon toute nouvelle et « spacionnante » d'explorer le corps, ses réactions en vol et ses limites.

Car la pesanteur est une donnée primordiale de notre vie sur terre. Sans nous en rendre compte, nous sommes prisonniers, attirés comme des aimants vers le centre de la planète. Il est donc essentiel pour les chercheurs d'analyser les lois de la biologie et de la physique en apesanteur, plus exactement en impesanteur selon le terme officiellement reconnu afin d'éviter la confusion pour l'oreille entre « la pesanteur » et « l'apesanteur ». C'est aussi très important pour découvrir de nouveaux matériaux ou des alliages différents, car si la pesanteur impose sa loi en ce bas monde, toutes les règles sont bouleversées dans l'espace ; le lourd et le léger ne signifient plus rien : si vous faites une vinaigrette, l'huile ne restera pas au fond du saladier comme dans votre cuisine. Il faut supprimer la pesanteur pour retrouver ces étonnantes sensations imaginées par Hergé – le capitaine Haddock, les pieds en l'air, poursuivant sa boule de whisky qui s'échappe de son verre. Pourquoi le capitaine Haddock ne tombe-t-il pas plus vite que son précieux breuvage, malgré ses quatre-vingt-dix kilos, saperlipopette ! Parce que, dans le vide, dans l'impesanteur, tous les corps chutent de la même façon, quelle que soit leur masse, comme le prédisait Galilée au XVIIe siècle. Alors qu'à l'époque la notion même de vide n'était qu'une hypothèse, que tous les Anciens pensaient qu'une pierre tombait plus vite qu'une feuille de papier, Galilée eut cette intuition géniale que « si on supprimait totalement la résistance du milieu traversé, tous les corps tomberaient avec la même vitesse ». Une idée révolutionnaire qui lui valut l'un des procès les plus scandaleux de l'histoire des sciences : contraint par le pape Urbain VIII à renier publiquement ses théories, il fut condamné à la résidence surveillée. Ce n'est que récemment, en 1992, après onze ans d'enquête, que le Vatican reconnut son erreur, le pape Jean-Paul II évoquant une « tragique incompréhension réciproque »...

Pourtant, comprendre sa théorie est aujourd'hui un jeu d'enfant : si vous montez sur une table, une balle de tennis à la main, et que vous sautez en lâchant la balle, vous tomberez tous deux à la même vitesse, la balle sera toujours à vos côtés. Vous voulez essayer ? A vous de jouer !

Comment recréer l'impesanteur sur terre ?

De quels moyens les scientifiques disposent-ils pour supprimer la pesanteur, pour ne plus être « bloqué » sur terre, pour « chuter » dans le vide ? Comme l'explique Jean-Pierre Penot dans *Surprenante impesanteur* (collection BT Espace, CNES), il existe quatre méthodes, qui consistent à tomber dans la Terre, vers la Terre, au-dessus de la Terre ou autour de la Terre.

La première solution est celle du puits très profond, comme celui de Sapporo, dans l'île de Hokkaido au Japon. Mis en service en 1991, c'est l'installation actuelle la plus grandiose, aménagée dans un ancien puits de mine de charbon, sur 710 mètres de profondeur. A l'intérieur, une capsule tombe sur 490 mètres, en recréant 10 secondes d'impesanteur, ce qui permet d'effectuer environ 500 expériences par an, avec des molécules, des liquides ou des métaux. Rassurez-vous : on ne balance pas les hommes au fond d'un puits !

La deuxième solution est une variante de la précédente puisqu'il s'agit d'une tour immense qui permet, elle aussi, de faire de la recherche de combustion et de solidification de métaux ou d'alliages. Le procédé n'est pas nouveau puisque les artificiers parisiens de la Renaissance fabriquaient leurs munitions en lâchant du haut de la tour Saint-Jacques des gouttes de métal fondu qui se solidifiaient en billes rondes au cours de leur chute. Une méthode que l'on utilise encore aujourd'hui pour les plombs de chasse, notamment dans une ancienne tour de guet de 40 mètres de hauteur, dans le Gard. Les chercheurs disposent de plusieurs « tours à chute libre » dans le monde d'où ils peuvent jeter caméras vidéo, instruments de mesure et matériaux volumineux, comme celle de Brême en Allemagne, qui offre une chute de 110 mètres et 4,7 secondes d'impesanteur. Ils peuvent aussi utiliser des « tubes à air libre », plus étroits pour les métaux ou les alliages fondus, comme celui de la NASA, à Huntsville, qui s'élève sur 105 mètres, ou celui de Grenoble qui fonctionne depuis 1989 et permet une chute de 3,1 secondes grâce à ses 50 mètres de hauteur.

On peut encore recréer l'impesanteur d'une troisième façon, en bondissant au-dessus de la Terre, comme projeté par un énorme ressort. Dès que l'on dépasse l'atmosphère dense, on tombe vers le sol en traçant une parabole et on vit une impesanteur de quelques secondes. Il existe deux méthodes : les fusées-sondes et les vols paraboliques en avion. Les premières n'embarquent que des instruments et sont utilisées depuis le lendemain de la dernière guerre mondiale par les Américains, les Soviétiques et les Français. Elles ont permis de grands progrès en géophysique, météorologie, biologie... Actuellement, quelques lancements annuels permettent aux chercheurs de faire voler des appareils très sophistiqués, fours de fusion ou enceintes, pour étudier le comportement des fluides, surveillés par des caméras qui permettent d'intervenir directement au cours de l'expérience. La deuxième méthode permet de faire voler les hommes à bord d'avions spécialement aménagés, le KC-135 américain, le Ilyouchine 76 soviétique et la Caravelle Zéro G française qui va être remplacée par un Airbus A 300. Le principe est simple : jouant aux montagnes russes, le pilote pousse à fond tous ses moteurs pour monter jusqu'à neuf mille mètres d'altitude, puis décrit un trajet en forme de cloche – dite parabole – en ralentissant brusquement les moteurs. L'avion tombe alors durant une vingtaine de secondes, créant à l'intérieur un état d'impesanteur que connaissent bien les cosmonautes. Claudie, comme les autres, y participera très régulièrement car c'est l'un des moyens les moins chers pour réaliser des expériences courtes et tester des procédures que l'on peut exécuter ensuite dans l'espace. Selon les derniers tarifs de Novespace, filiale du CNES qui se charge des vols paraboliques au centre de Brétigny-sur-Orge, deux expérimentateurs avec un matériel de deux cent cinquante kilos coûtent deux cent mille francs pour une série de trois vols. La même expérience, réalisée à bord de la navette américaine, est facturée par la NASA trois cent mille francs le kilo !

Enfin, dernière solution pour neutraliser la pesanteur : « tomber » autour de la Terre, c'est-à-dire être « satellisé », comme la Lune qui gravite autour de notre planète depuis des milliards d'années et qui s'éloignerait à jamais, se perdant dans la nuit des temps, si la gravité venait à disparaître. Isaac Newton fut le premier à émettre l'idée de cet étrange phénomène de satellisation, à la fin du XVIIe siècle. Depuis Spoutnik I, le premier satellite envoyé dans l'espace par les Soviétiques, le 4 octobre 1957, environ quatre mille engins automatiques ou conduits par des hommes sont partis pour le grand voyage. Comment ? En les envoyant à deux cent cinquante kilomètres d'altitude minimum, puis en les faisant tourner sans cesse à une vitesse suffisamment forte pour qu'ils « chutent » autour de la Terre tout en maintenant leur cap et n'atterrissent pas au coin de la rue. Plus ils sont à basse altitude, plus ils doivent aller vite car l'attraction terrestre reste forte. A 300 kilomètres d'altitude, ils sont obligés de foncer à 28 000 km/h. Comme c'est le cas de la station Mir qui a accueilli Claudie. A l'inverse, s'ils montent jusqu'à 36 000 kilomètres d'altitude, ils peuvent se contenter d'une moyenne de 10 800 km/h.

Ce dernier cas est beaucoup plus intéressant car, moins soumis aux frottements de l'air, le matériel se détériore moins vite. Mais, du coup, cela crée des embouteillages ! Ces satellites à haute altitude sont appelés « géostationnaires » car ils tournent à la même vitesse que la Terre, ce qui les rend apparemment stationnaires. Ils sont devenus si nombreux aujourd'hui que les Nations unies sont obligées d'attribuer des places au compte-gouttes, avec des numéros d'immatriculation. La plupart d'entre eux servent à la communication, nous permettent de téléphoner à New York, d'envoyer une télécopie à Bombay, d'organiser une vidéo-conférence avec des partenaires aux quatre coins du monde, et de collectionner les chaînes de télévision. Avec un tel trafic, les interférences sont de plus en plus nombreuses, et il ne faut pas s'étonner s'il y a parfois de la friture sur la ligne !

Pour Claudie, c'est la découverte d'un nouveau monde, complexe et passionnant. Elle commence à étudier la médecine spatiale et les moyens dont disposent les scientifiques. Pour leurs expériences, ils ont besoin de retrouver l'état d'impesanteur, et rares sont ceux qui peuvent s'offrir un billet pour un laboratoire comme la station Mir ! Alors, ils ont recours à des méthodes plus simples mais moins précises. Celle de la piscine, notamment : le corps devient plus léger et se déplace à peu près de la même façon que dans l'espace. Le procédé du « décubitus », encore plus aisé pour n'importe quel hôpital puisqu'il s'agit d'allonger un cobaye les jambes légèrement élevées. On obtient alors des réactions presque similaires à celles obtenues en impesanteur. De la même façon, le sang passe des jambes vers la tête, et on peut observer toutes les conséquences sur la circulation, les problèmes veineux ou cardiaques, on peut tester l'effet d'une vitamine ou les écarts de température.

C'est un univers encore mal connu que Claudie commence à défricher car la médecine spatiale en est à ses débuts, comme l'explique René Bost, directeur du MEDES (Institut de médecine et de physiologie spatiales) : « La recherche spatiale amènera certainement des données fondamentales pour la médecine " terrestre ". De plus, elle est très profitable pour l'évolution de la pensée et de la méditation. C'est le moyen d'une prise de conscience de notre position vis-à-vis de l'Univers, pour comprendre ce qu'est la vie. »

C'est un peu plus tard, dans quelques années, que Claudie va approfondir ses connaissances et devenir une spécialiste en travaillant au laboratoire de physiologie neuro-sensorielle de Berthoz. En attendant, elle mène une vie intense, sillonne Paris sur sa moto, une grosse BMW, et rentre tard le soir, quand ce n'est pas au petit matin, après ses remplacements de nuit. Tout ce qu'elle avait connu à Dijon n'est rien en comparaison de Sainte-Geneviève-des-Bois, au sud de Paris, où on l'envoie comme médecin de garde. Elle se trouve brusquement confrontée à une existence beaucoup plus dure, aux jeunes drogués qu'elle soigne, qu'elle suit mois après mois et qui replongent pour la plupart. Elle doit apprendre à écouter, à parler, à ne pas se décourager.

> J'avais appris des tas de choses, mais j'étais incapable de remplir une feuille de Sécurité sociale, raconte Claudie. Les études de médecine étaient très théoriques et ne nous préparaient pas du tout à la réalité. Tout d'un coup, je me suis retrouvée dans une ambiance plutôt glauque. La nuit, j'avais en permanence une bombe lacrymogène sur moi et je disais que j'étais remplaçante, qu'on ne m'avait pas laissé le carnet à souches, car sinon on pouvait vous menacer et vous obliger à ordonner de la morphine. Je n'avais que vingt-deux ans, mais ces gardes de nuit m'ont vite appris la vie ! Je me souviens de ce malheureux clochard renversé par une voiture. Pour des problèmes d'assurance, il fallait savoir s'il avait de

l'alcool dans le sang, et comme il était mort depuis vingt minutes, il ne restait plus que la ponction cardiaque. Je n'en avais jamais fait de ma vie et j'étais terrorisée. C'est le gendarme qui m'a dit : « J'ai déjà vu des médecins le faire, je vais vous expliquer. » Quand j'ai enfoncé mon aiguille dans le cœur, j'en tremblais ! Une autre fois, c'était un homme qui avait à moitié tranché le bras de sa femme avec une hache. Les pompiers m'ont dit : « Il est fou, on n'y va pas, bon courage ! » Que vouliez-vous que je fasse ? J'y suis allée, terrifiée bien sûr. Il était hors de lui, avec une carabine, un tisonnier dans le feu et une hache. J'ai réussi à lui parler et à lui faire une piqûre pour qu'il s'endorme, mais quelle angoisse !

Études brillantes au prix d'un divorce

Entre l'éternelle étudiante, surfant d'un examen à l'autre, et le médecin rhumatologue, en remplacement presque tous les week-ends, il ne reste guère de temps pour partager quelques moments de liberté avec son mari, devenu professeur d'éducation physique en banlieue. Il dispose maintenant d'horaires beaucoup plus souples et aimerait, comme beaucoup d'hommes, avoir une gentille petite femme à la maison qui l'accueille avec des odeurs de rôti et un brushing impeccable. La vie de bohème a du bon, à condition d'en sortir, et il se sent de moins en moins à l'aise avec le milieu médical et l'ambiance des concours. On ne réussit pas sa vie privée comme un examen, et les longues études supérieures sont souvent fatales aux histoires d'amour ! Les chemins des amoureux se séparent, doucement mais inexorablement, d'autant que le mari délaissé rencontre sur sa route une femme ravissante et diablement féminine, qui sait très bien faire la cuisine et va souvent chez le coiffeur... Entre l'intellectuelle débordée et la séductrice disponible, difficile de résister !

> J'admire les superwomen, s'étonne Claudie, ces femmes capables de tout faire, parfaitement, sans jamais sembler fatiguées. Avec malgré tout un sentiment d'incrédulité, d'autant plus aigu que le statut de « première femme cosmonaute française » me place en première ligne pour répondre à ce genre d'idéal. Les gens croient – et veulent absolument croire – à la femme exemplaire dans tous les domaines. Mais les choses ne sont jamais aussi simples et on ne peut pas se battre sur tous les fronts, quoi qu'on en dise. Pour moi, cela s'est traduit par un divorce, très douloureux sur le moment, mais plutôt bien vécu à long terme car, avec le temps, chacun s'est mieux réalisé et épanoui sur des chemins différents.

C'est son premier échec, difficile à accepter quand on a toujours pensé que le mariage devait durer toute la vie. Le prince charmant est parti dans d'autres bras. Adieu amour éternel, fidélité et grands serments ! La réalité n'est pas toujours tendre avec les petites filles qui croient aux contes de fées. Aujourd'hui, à quelques mois de ses examens, il lui faut affronter les discussions sans fin, les larmes et les espoirs déçus, le déménagement et le partage des petites cuillères, puis le vide, la solitude...

Mais – ironie du sort – le malheur peut devenir une aide, Claudie l'apprendra au cours de sa vie. Ce divorce est aussi une nouvelle chance, une plus grande disponibilité face à toutes les occasions que le hasard peut offrir. L'opportunité ne va pas tarder : un beau matin de l'année 1985, Claudie arrive à l'hôpital Cochin, enfile sa blouse blanche et regarde distraitement le tableau d'affichage, quand une petite annonce retient son attention. C'est un appel à candidature du CNES qui recherche des pilotes d'essai et des scientifiques pour de futures missions spatiales, des expériences scientifiques en orbite. Flash. Elle revoit cette nuit étoilée de 1969. Les images de Tintin sur la Lune se mêlent à celles de Jules Verne et au bip-bip de Spoutnik. Quel rêve ! Continuer sa formation en regardant les étoiles, devenir une professionnelle de l'espace, partir pour la plus belle des aventures ! Elle n'hésite pas une seconde : libre, seule et sans contrainte, elle possède le niveau doctorat requis et se posait justement des questions sur sa carrière future. La réponse se trouverait-elle dans ces quelques lignes ? L'occasion est trop belle !

> Est-ce de l'ambition ? se demande-t-elle. Je pense n'avoir jamais eu le temps d'en avoir. La vie s'en est chargée pour moi. Je crois surtout avoir une très bonne étoile. Certains appellent ça le « destin ». Je ne poursuis pas un but calculé à l'avance, mais j'ai toujours fait ce qu'il me semblait devoir faire, comme si la chance me guidait, m'offrait des circonstances favorables, me tendait des perches que je devais saisir. On m'a parfois taxée de « tranquille indifférence », ce qui n'est pas très agréable. Mais ce n'est pas parce que l'on apparaît « différent » que l'on est « indifférent ».

Très discrète, introvertie, parfois secrète, Claudie passe souvent pour une femme de tête froide et calculatrice dans notre société qui a tendance à classer les gens et les choses dans des boîtes. Pourtant, l'amour du pouvoir, l'évolution de sa carrière ou le goût de l'argent ne sont pas des priorités. Elle veut, tout simplement, réussir tout ce qu'elle entreprend, quitte à se défoncer dans le sport ou à travailler ses examens deux fois plus que les autres. Mais se passionner pour la vie, aller au bout de soi-même, n'est-ce pas déjà la plus grande des ambitions ? Tandis que les autres perdent leur temps à se poser ce genre de questions, notre Creusotine court vers son avenir. Aujourd'hui, sa bonne étoile brille de mille feux et lui offre un horizon fabuleux. Sans en parler à sa famille – inutile de l'affoler –, elle prépare aussitôt son dossier et n'est pas la seule ! L'agence en reçoit mille, dont 10 pour cent venant de femmes.

> Le fait d'être une femme était plutôt un élément en ma faveur, reconnaît Claudie, parce qu'il en fallait une dans cette équipe. Ce qui veut dire que j'avais une chance sur cent, puisqu'il y avait cent candidatures féminines, alors que mes collègues masculins ne pouvaient espérer que six chances sur neuf cents !

Le souhait d'envoyer une femme dans l'espace ne date pas d'hier. Quand, en 1979, Hubert Curien, président du CNES, obtient de l'INTERCOSMOS soviétique la promesse d'emmener un Français à bord d'un vaisseau Soyouz pour rejoindre la station Salyout, la réaction de Valéry Giscard d'Estaing est immédiate :

> – Formidable, mais plutôt qu'un compatriote, je préférerais que ce soit une de nos compatriotes. Je vous prie de revoir vos collègues soviétiques et de leur demander s'ils seraient d'accord pour que ce soit une Française qui soit embarquée dans l'espace.
> – Monsieur le président, ce ne sera peut être pas très facile répond Hubert Curien.
> – Vous êtes président du CNES et vous n'avez pas été nommé que pour les choses faciles, rétorque le président de la République.

En effet, ce ne sera pas chose aisée ! Valéry Giscard d'Estaing était un peu en avance sur son temps, car si les Soviétiques n'y voyaient aucune objection – en apparence –, restait à trouver LA femme ! On s'adressa, en toute logique, à l'armée de l'air, et, en cherchant bien, on finit par dénicher deux candidates, non militaires mais bons pilotes. L'une d'entre elles, « bien sous tous rapports », n'avait aucune formation scientifique ou technique et fut très vite éliminée. Restait une femme idéale, Françoise Varnier, qui aurait fait la joie du président de la République et des magazines féminins, mais elle eut le malheur de se fouler la cheville à l'entraînement.

> Quand les soviétiques l'ont su, raconte Hubert Curien, ils se sont écriés : « Une femme foulée, jamais ! » Un peu plus tard, Jean-Loup Chrétien s'est plus ou moins foulé la cheville lui aussi. Nous nous sommes alors entendu dire : « Un homme foulé... oh, bof... ça se remettra. » Nous avons donc renoncé à une candidature féminine et c'est Jean-Loup Chrétien qui a volé en juin 1982.

Mais comme le rappelle Suzy Oberlin dans sa thèse *La Femme dans l'espace* (Conservatoire national arts et métiers, 1984), une Française avait déjà été présélectionnée en 1977 pour la première mission du Spacelab, le laboratoire spatial européen transporté par la navette de la NASA. Anny-Chantal Levasseur-Regourd, chercheuse au CNRS, astronome de haut niveau, formidable candidate, était la seule femme parmi tous les candidats présentés par les pays européens. Mais on ne voulut pas lui faire passer les tests à Brétigny car elle avait accouché quelques mois auparavant. Les hommes comprendront-ils un jour les cruautés infligées aux femmes qui tentent d'allier métier et maternité ?

Dès lors, le monde du spatial sera dominé par les pilotes de l'armée de l'air, déjà préparés techniquement à une telle épreuve. Pourtant il fallait bien, face aux Soviétiques et aux Américains qui avaient déjà envoyé plusieurs femmes dans l'espace, trouver un jour une digne représentante de la féminité à la française ! Claudie avait donc toutes ses chances. Mais inutile de pousser des cris de joie, les filles ! La bataille n'est pas encore gagnée, comme le montre l'histoire de la conquête spatiale russe.

La femme dans l'espace

La première femme cosmonaute du monde a été choisie pour donner une image moderne de la puissance communiste, telle une poupée Barbie au service de la gloire soviétique. Valentina Tereshkova est une simple ouvrière du textile qui a eu la bonne idée de s'inscrire dans un club de parachutisme. Après le vol historique de Youri Gagarine le 12 avril 1961, le comité central du Parti veut frapper à nouveau un grand coup pour ne pas se laisser voler la vedette par les Américains : mais alors, se dit-on, si on envoyait une femme ? C'est original, audacieux, et ça fera joli sur les photos ! Des émissaires partent aussitôt dans tous les clubs sportifs d'Union soviétique pour trouver la perle rare. Après une première sélection, on retient cinq jeunes filles, dont Valentina. Pour la petite ouvrière, c'est le début d'un conte de fées. A vingt-six ans, elle abandonne sa vie monotone pour participer avec d'autres jeunes femmes à un entraînement épuisant de dix-huit mois. C'est Khrouchtchev lui-même qui la choisit, en dernière minute, séduit par ses origines modestes et sa foi dans le communisme, des qualités qui lui donneront l'image – très populaire – de « cendrillon promue princesse ». Elle s'envole à bord du vaisseau spatial Vostok 6, le 14 juin 1963. La chance lui sourit une dernière fois puisque, Valentina Ponomareva, la cosmonaute titulaire, jugée par certains comme plus apte à partir, a... ses règles, quelques jours avant le départ. Le hasard est cruel... Le vol est difficile, ponctué de problèmes techniques, et Valentina, très sensible au mal de l'espace, s'endort malgré les appels radio. Il faut utiliser une sonnerie pour la réveiller, ce qui fera dire au grand chef, Sergueï Korolev, constructeur général des lanceurs et systèmes spatiaux, déjà réputé pour sa misogynie : « L'espace n'est pas un endroit pour les nanas ! »

Malgré tout, le retour de celle que l'on a surnommé la « mouette » est triomphal. Les compliments fusent du monde entier. Maurice Thorez, secrétaire général du PC français, parle d'un « exploit exaltant », la reine d'Angleterre envoie ses plus « chaleureuses félicitations », Washington s'incline devant ce grand succès, et Pékin clame sur toutes les pagodes que les femmes du monde entier peuvent être fières d'une telle performance. Promue « héros de l'Union soviétique », colonel ingénieur, député du Soviet suprême, elle va parcourir le monde pour répandre la bonne parole communiste et vanter les mérites d'un régime qui sait donner aux femmes la place qu'elles méritent. Une bonne leçon pour ces machos de capitalistes ! Avec sa silhouette très féminine, ses tailleurs noirs et ses talons hauts, son regard doux, son caractère rieur et sa voix chaude, elle devient un sex-symbol à la russe, un idéal de courage et de persévérance pour toutes les femmes de l'Union soviétique.

Mais, avec la chute du mur de Berlin, les mythes se sont écroulés et les mauvaises langues ont terni l'image de la jolie créature en scaphandre. Elle aurait été terriblement malade durant sa mission, se serait montrée peureuse, incapable et inexpérimentée. Mais, surtout – ô scandale –, elle aurait eu l'indélicatesse de vivre une folle histoire d'amour avec

Gagarine, déjà marié, pendant son entraînement. Ça fait désordre... On s'est donc empressé de lui faire épouser un autre cosmonaute et l'expérience ne fut plus renouvelée pendant... dix-neuf ans. De méchantes rumeurs qui prouvent surtout la terrible jalousie et la misogynie auxquelles se heurta Valentina. Il semble, par ailleurs, qu'elle ne put jamais revoler à cause d'une césarienne pratiquée lors de la naissance de sa fille en 1964.

Quelles que soient les raisons, il faudra attendre dix-neuf ans et une femme exceptionnelle. Elle s'appelle Svetlana Savitskaia ; et, après des années de rudes batailles, elle s'envolera en 1982 pour une mission d'une semaine, puis en 1984 pour la première sortie extravéhiculaire féminine : durant trois heures trente-cinq, elle soudera, réparera et traitera la surface extérieure de Salyout 7, en portant des appareils qui pèsent jusqu'à trente kilos, ce qui lui vaudra le surnom de « métallo de l'espace » ! Une double victoire dans une société aussi phallocratique due à un tempérament particulièrement courageux et volontaire. Quand elle lève les yeux vers les étoiles pour accompagner Gagarine du regard, elle n'a que treize ans. Elle se jure, secrètement, qu'un jour elle partira elle aussi. Trois ans plus tard, elle s'initie au parachutisme. L'année suivante, à dix-sept ans, elle a déjà battu quatre records mondiaux. A vingt-deux ans, elle a appris à piloter et obtenu le titre de championne du monde de haute voltige, mais l'Institut d'aviation de Moscou, réservé aux hommes, refuse de lui délivrer un diplôme. Il lui faudra battre le record mondial de vitesse à bord d'un Mig 25, sur des distances de quinze et vingt-cinq kilomètres pour devenir, enfin, à vingt-huit ans, pilote d'essai chez Yakovlev où elle volera sur des dizaines d'appareils supersoniques. Avec toujours un but, devenir cosmonaute, qu'elle ne dévoilera – ô grands dieux – jamais. Unique façon, méthodique et inébranlable, de réaliser son rêve. Féminine, joyeuse, la bien nommée « dame de fer » est adorée des autres cosmonautes, mais si elle force le respect de tous, elle n'en est pas moins une femme, se disent en souriant ces militaires aux poitrines retentissantes de médailles. Elle parle trop. Oh, pas d'elle, ni de ses émotions ou de sa vie personnelle ; non, ce serait dangereux. Mais elle ne peut s'empêcher de critiquer les copines. Son aînée, Valentina Tereshkova n'est « qu'un cobaye manipulé de A à Z. La pauvre n'a jamais rien compris au film » ! Elle sort les griffes aussi dès qu'on évoque Elena Kondakova, qui sera pistonnée par son mari cosmonaute pour aller vivre six mois dans l'espace. Laquelle répond que si Svetlana a pu s'offrir une sortie extravéhiculaire, c'est parce que son père est très haut placé, et tac ! On se crêpe le chignon par journaux interposés, on se venge de rancœurs et de frustrations cachées, on se chicane, dénonçant inconsciemment le manque de confiance en soi des pionnières de l'espace, car il est difficile de s'imposer dans un monde aussi viril et misogyne. Le milieu du spatial est comme tous les autres. Les héros et les superhommes se perdent dans des intrigues de bas étage, guère plus brillantes que celles qui se racontent autour de la machine à café dans n'importe quelle entreprise ! La Cité des Étoiles est peuplée de grands sentiments et de petites mesquineries, de rivalités et de jalousies. A la NASA, ce n'est guère mieux, la concurrence est redoutable, poussant les hommes aux pires intrigues pour réussir à voler avant les autres. Ô rage, ô désespoir ! Même dans la plus éblouissante des missions, l'homme ne reste, selon les jolis mots de Victor Hugo, qu'« un ver de terre amoureux d'une étoile ». L'ange et la bête. Il est difficile d'être tous les jours à la hauteur d'une telle ambition. Et, bien sûr, les premières cibles de ces perfidies de couloirs sont les femmes, ces intruses que nos militaires musclés et velus ne voient pas d'un bon œil. Elena Dobrokvachina, médecin et chercheur qui, comme beaucoup d'autres femmes, n'est jamais partie dans l'espace malgré ses compétences et son entraînement, explique que « sur un terrain de chasse réputé masculin, à compétences égales, une femme doit faire doublement la preuve qu'elle est une spécialiste incontestée et qu'elle n'est pas une emmerdeuse ». Le raisonnement s'applique à bien d'autres domaines, malheureusement... Mais le fait est là : en trente-quatre ans, Moscou n'a envoyé que trois femmes russes et une Anglaise dans l'espace.

Quant aux Américains, ils accepteront Sally Ride, vingt ans après les Russes, en 1983. Pas très pressés de faire l'expérience, même s'ils ont installé en son honneur un petit rideau rose pour protéger son intimité durant sa toilette à bord du vaisseau... Pourtant cette jolie brune aux yeux bleus a une sacrée personnalité ! Drôle, brillante, physicienne et astronome de haut vol, pilote et parachutiste aux nerfs d'acier, elle désespère les journalistes et enchante les féministes, refusant le rôle de « femme complète » qui fait larmoyer dans les chaumières. Elle ne fait pas la cuisine, n'a ni le temps ni l'envie de faire des enfants, et veut simplement ouvrir la voie aux femmes vers les expériences grisantes qu'offre notre époque. Un combat qui n'est pas gagné . en 1995, sur trois cent vingt-cinq cosmonautes partis dans l'espace en trente-quatre ans, elles ne sont que vingt-huit femmes. Pas de quoi chanter victoire !

1985 : Le parcours du combattant commence

Pour le moment, en cette année 1985, Claudie ignore tous ces désagréments machistes. Elle rédige son dossier, qui constitue la première sélection. Ils ne seront que sept cents à être retenus. Le long de ces innombrables pages, on y répond à de très nombreuses questions sur son passé, sa santé, ses compétences et ses motivations. On veut tout savoir, jusqu'au premier nez « enrhu'bé » de l'enfance ou aux humeurs boutonneuses de l'adolescence. Mais ne nous gaussons pas trop : ce ne sont que broutilles au regard des exigences pointilleuses de la NASA, devenues un sujet de plaisanterie pour les astronautes français. Ces beaux gars musclés se sentent soudain sondés, scrutés, soupçonnés, étudiés, disséqués comme de vulgaires cobayes par des médecins saisis d'un délire du détail inquisiteur. Cette sévérité semble pourtant logique pour des missions aussi délicates, elle les met en condition, les prépare à leur rôle futur, celui de surhomme, parfait et intouchable. Comme les autres, Claudie passe plusieurs journées à remplir les questionnaires. La chance est encore avec elle puisqu'elle vient de constituer un projet de recherche en physiologie animale et humaine lié à l'influence de la microgravité, et a déjà pris contact avec des équipes qu'elle retrouvera plus tard sur son chemin. D'autant – elle le comprendra plus tard – que le CNES commence à s'intéresser aux scientifiques, plus familiarisés à certaines manipulations que les pilotes de chasse, jusque-là majoritaires parmi les spationautes. Après les premiers conquérants de l'espace, rudes, solitaires, ayant parfois des relations difficiles avec les gens « normaux », on voit se former aujourd'hui une deuxième génération de professionnels, plus techniciens que militaires, plus détendus, car les problèmes de sécurité sont moins angoissants, plus cultivés, venant d'horizons divers, plus grands aussi, car les cabines spatiales d'aujourd'hui sont plus spacieuses.

Claudie fera-t-elle partie de cette élite ? Son gros dossier envoyé, il ne reste plus qu'à attendre avec impatience et confiance : on n'oublie pas sa bonne étoile ! Le cœur battant, elle reçoit une réponse positive. A partir de maintenant, elle va devoir passer une série de tests et d'examens pour prouver qu'elle correspond aux critères du parfait cosmonaute : anglais courant, niveau d'études supérieures, santé parfaite, grande capacité de travail, excellente mémoire, esprit logique, bonne faculté de concentration, aptitude à l'orientation dans l'espace, dextérité manuelle, forte motivation, stabilité émotionnelle, souplesse de caractère et faible agressivité.

Sa première convocation concerne des examens médicaux. Tout va bien : elle connaît suffisamment le sujet pour savoir ce qui l'attend et bénéficie d'une santé à les rendre tous malades ! Aucune inquiétude. Alors que Patrick Baudry, par exemple, se souvient de certaines angoisses avant sa sélection par la NASA pour partir à bord de la navette spatiale américaine :

> Comme on appartient à une catégorie de gens que leur métier oblige à se surveiller, à bien se connaître, explique-t-il dans *Spatiale Première*, par B. Chabbert (Éd. Plon), on sait aussi qu'il arrive, sans qu'on sache pourquoi, qu'un paramètre se mette soudain à varier. Et on ne peut rien y faire, seulement attendre que ça passe. Nous sommes tous ainsi : un bon dîner, une période sans sport, une contrariété, et nous sommes subtilement déséquilibrés. Et si c'est justement ce moment-là que choisit un toubib pour venir sonder le

bonhomme jusque dans ses recoins les plus intimes, il y a de fortes chances pour qu'on soit déclaré inapte.

Mais si ce Bordelais fêtard, grand amateur de bons vins et de virées en moto peut se faire quelques soucis, ce genre de préoccupations n'effleurent même pas notre Creusotine, qui a des journées saines et des nuits sages, surtout dans une période comme celle-là, pas folle la guêpe ! Il faut donner un coup de pouce au destin et mettre toutes les chances de son côté. Direction l'hôpital militaire de Marseille. Dans la salle d'attente se retrouvent pilotes de chasse et scientifiques qui contemplent le vol des mouches, ne se parlent pas, se regardent à peine, bonne ambiance... Mais ces « bêtes à concours » connaissent déjà cet esprit très particulier de concurrence impitoyable. Parmi eux se trouve une autre jeune femme : bon présage. Une des deux sera sélectionnée, c'est sûr ! Un optimisme qui se confirme car tout se passe parfaitement bien ; les médecins l'examinent sous toutes les coutures : il n'y a pas l'ombre d'un problème !

Encore quelques semaines d'attente – qui semblent des années –, et une nouvelle convocation arrive pour des tests plus spécifiques aux conditions aéronautiques et spatiales. Là encore, pas de panique, elle les a étudiées pour son diplôme de médecine aéronautique. Elle part donc en toute sérénité pour les épreuves tant redoutées du tabouret tournant, de la table basculante, du caisson pressurisé et du Tchibis ou LBNP (Low Body Negative Pressure) pour les Américains. Tous ces noms barbares ne lui sont pas totalement inconnus, et si d'autres ont réussi à les supporter, pourquoi pas elle ?

Tout se déroule très bien en effet. La table basculante, tout d'abord. On vous allonge, la tête en bas, puis, après quelques minutes, on vous remet debout pour voir comment se régule votre pression artérielle. Car on peut avoir de graves problèmes d'hypotension en revenant sur terre. Pour les éviter, les cosmonautes portent un pantalon « carcasse », de contention, lacé très fortement aux mollets et aux cuisses pour retenir le sang.

Beaucoup plus désagréable : le tabouret tournant. Un vrai joujou pour les enfants Adams ! A première vue, ce n'est qu'un gros fauteuil de dentiste, monté sur un axe vertical afin de tourner sur lui-même comme un tabouret à vis. Prenez place, je vous en prie, laissez-vous attacher et bander les yeux... et alors là, accrochez-vous ! Durant une vingtaine de minutes, vous êtes balancé comme une balle de ping-pong sur le siège qui tourne sur lui-même à 30 tours/minute, dans tous les sens, avec des poussées de 180 degrés à la seconde, tandis qu'un microphone vous envoie des ordres : « Tête vers la gauche », « Penchez-vous en avant »... Un rythme dur à digérer ! Toute l'armada d'hyperspécialistes s'agite pour surveiller votre cœur et la moindre de vos réactions. Et c'est la valse à mille temps, à gauche, à droite, en arrière, vers le bas, sueurs froides et feu d'artifice dans le crâne... Mais après quelques haut-le-cœur, vous vous dites que vous en ressortirez bientôt, en titubant un peu... hep ! là ! ce n'est pas fini. C'est maintenant que ça se complique : il faut rester debout et faire comme dit le monsieur en blouse blanche, pencher la tête en avant... houlà ! En arrière... aïe, aïe ! Pour certains, c'est une épreuve terrible, l'impression d'être attaqué par une armée de pics-verts dans la tête. C'est d'ailleurs l'un des atouts des pilotes, habitués à ce genre de voltige. Ils sont pourtant peu nombreux à vaincre cette épreuve, capitale, puisqu'elle prouve que l'on est apte – du moins en théorie – à supporter la microgravité, à ne pas être saisi par le vertige et cette sensation effrayante de tomber la tête la première dans le vide. Mais, paradoxalement, on peut être malade sur le tabouret et joyeux comme un cabri dans l'espace : le Roumain Prunariu ressortait toujours de cette épreuve avec le crâne comme une pastèque et a merveilleusement bien supporté l'impesanteur à bord de Salyout 6.

> Dans le fond, ce n'est pas grand-chose, raconte Claudie. En fait, on a surtout envie de vomir, rien de plus. Par contre, ce qui est beaucoup plus angoissant, c'est la centrifugeuse. Je ne l'ai pas eue comme test pour cette sélection. J'ai fait mon baptême en 91 pour la sélection de l'Agence spatiale européenne. J'ai ensuite récidivé deux fois et je trouve que c'est toujours aussi impressionnant. Le cadre, déjà, est très spectaculaire : une pièce gigantesque avec un énorme bras maintenu par un axe vertical. Au bout du bras, une petite cabine dans laquelle on vous installe, vous entendez la porte qui claque et vous vous retrouvez seul, dans le noir. Ensuite c'est assez angoissant, quand la machine est mise en rotation, c'est un vrai festival ! Vous vous prenez des accélérations jusqu'à 8 g, c'est-à-dire que votre corps pèse huit fois plus lourd, vous imaginez ! Pour résister, il y a des méthodes. C'est essentiellement une question de respiration et de contraction musculaire. Il faut bien respirer, rapidement, superficiellement pour résister au stress que crée cet engin. Alors, vous vous dites sans arrêt dans votre tête, « il faut que je respire bien, sinon je ne partirai jamais dans l'espace ». Vous vous le répétez pour vous encourager et... vous y arrivez.

Pas évident. La « centrif », comme disent les initiés, est une sorte de manège géant pour amateurs de rudes sensations, une masse de trois cent cinq tonnes dotée d'un bras de dix-huit mètres de longueur qui tourne à toute allure – trente-six rotations à la minute – tout autour de son axe vertical en suivant une série très variée d'expérimentations, ordonnées par tous les techniciens et les entraîneurs présents.

La centrifugeuse de la Cité des Étoiles, fabriquée en 1980 par les Suédois, est unique au monde. Sa puissance est telle qu'elle peut générer des accélérations de 30 g, c'est-à-dire jusqu'à trente fois la pesanteur terrestre. Impossible à supporter par l'homme qui ne va pas au-delà de 10 g, et encore, une seule fois avant le départ pour l'espace. Tandis que ça balance dans tous les sens, à l'intérieur de la cabine, une caméra trahit vos moindres réactions quand on change la température, la composition de l'air ou le taux d'humidité. On varie les plaisirs, on simule le décollage et la montée en orbite, la rentrée dans l'atmosphère ou un catapultage depuis un porte-avions en accélérant le rythme au maximum avant de ralentir très brusquement, ce qui donne l'impression de s'écraser contre un mur... et toutes sortes d'autres mouvements très amusants de méga-Foire du Trône. Impressionnante pour des pilotes de chasse qui ont pourtant l'habitude de faire voler leur avion la tête en bas, la centrifugeuse devient démoniaque pour les autres, un vrai supplice à la James Bond ! L'erreur à ne pas commettre est de regarder auparavant les petits copains sur l'écran car les accélérations, si fortes, donnent au visage des formes effrayantes, tirées vers le bas, bouffies sur le côté et autres ravissantes mimiques. On a l'impression que la personne souffre atrocement, qu'on la torture d'une manière insoutenable, alors qu'elle lutte simplement contre la sensation d'écrasement : imaginez qu'un mammouth s'assoit sur votre visage, afficheriez-vous un sourire épanoui ? Mais n'ayez crainte, des spécialistes surveillent sans cesse votre état cardiaque et pulmonaire, et si vous ne supportez vraiment pas d'être malaxé comme du chewing-gum, vous pouvez relâcher le bouton-pression que vous tenez dans la main, il déclenche une alarme et ralentit la machine. Certains adorent pourtant se faire centrifuger comme d'autres raffolent des montagnes russes qui les projettent en avant, sous les cris aigus des filles. Ah ! La délicieuse terreur... Un tiers des candidats, à peine, peut en moyenne se faire triturer comme de la pâte à tarte, Claudie en fait partie et passe tranquillement à travers les accélérations les plus fortes. Elle apprendra d'ailleurs comment les supporter de mieux en mieux. C'est tout dans les muscles ! Comme l'explique le Dr Francis Louisy, spécialiste de médecine aéronautique, du sport et de l'échocardiographie au Service de santé des armées, à Brétigny-sur-Orge :

> Comme le sang passe progressivement vers le bas du corps et n'alimente plus assez le cœur et le cerveau, quand ça ne se passe pas bien, on ressent des sensations par étapes. Au début on voit trente-six chandelles. Et ce n'est pas une image, on les voit vraiment ! Ensuite on a l'impression d'avoir un voile gris sur les yeux, puis on souffre d'une vision tubulaire, c'est-à-dire comme à travers un tube, on ne perçoit plus rien sur les côtés, enfin on a carrément un voile noir sur les yeux et on perd connaissance. Bien sûr, l'entraînement est toujours stoppé avant tous ces symptômes. En fait, il n'y a pas de « types » particuliers pour supporter ce genre d'épreuve. Ce qui fait vraiment la différence, c'est l'habitude. Les pilotes de l'armée de l'air, en fin de carrière, ont une maîtrise fantastique de leurs corps, car ils ont appris à contracter leurs jambes et leurs abdominaux pour ralentir le sang et l'empêcher de filer vers les pieds. Pour y parvenir, ils se musclent les jambes et les abdominaux, c'est aussi simple que ça ! Sur terre, bien sûr. Dans l'espace, c'est une autre histoire.

C'est en effet beaucoup plus complexe. Les cosmonautes doivent faire deux heures de gymnastique quotidienne pour éviter les gros problèmes de santé, mais cela ne suffit pas pour pouvoir rentrer au bercail. Quand nous sommes sur terre, notre cœur envoie du sang vers nos membres et notre tête, qui « tombe » dans nos artères. Pour remonter, il est aidé par les muscles qui entourent les veines et les valvules des vaisseaux dont le rôle est d'empêcher la « fuite » vers les extrémités. Chacun joue son rôle de « terrien » et nous évite d'avoir le sang qui nous dégringole dans les chaussettes. Mais quand la pesanteur n'agit plus, ça change tout ; les rôles sont chamboulés et le sang s'offre une petite balade dans notre corps, passe des membres inférieurs vers le thorax, puis vers le crâne. Selon les individus, un demi-litre à un litre (soit 15 à 25 pour cent du volume sanguin total) joue les filles de l'air et leur monte à la tête. C'est pour cette raison que nos malheureux cobayes de l'espace ont souvent l'air bouffi sur les photos, avec des jambes de crevette. Heureusement, l'organisme finit par s'adapter en deux ou trois jours : notre corps est décidément une vraie petite merveille, n'est-ce pas ? Mais il faut, en revanche, préparer son retour, quand il retrouvera les lois de la pesanteur. Sinon, le cosmonaute est remis sur pied de façon trop brutale et dangereuse, n'arrivant même plus à faire les gestes les plus simples, lacer ses chaussures ou envoyer une balle de tennis. Il parvient à peine à soulever un verre d'eau qui lui semble peser des tonnes et ne peut enlever lui-même son pantalon, projeté en avant par le poids de sa tête ! Pour éviter ces troubles de la circulation et de l'équilibre qui peuvent mener à la syncope, il faut porter une heure par jour, durant toute la semaine qui précède son retour, le Tchibis, cette ravissante paire de jambes à faire rêver le bonhomme Michelin. Deux pattes d'éléphant entourées de boudins orange avec une grosse ceinture de métal bourrée de fils, de tuyaux et de boutons. Sous ses allures de bibendum, il s'agit d'un appareil sophistiqué chargé de créer une légère dépression autour des jambes afin d'attirer le sang vers les pieds. Une des épreuves de la sélection est donc de se glisser dans ce Tchibis étrange pour savoir si on le supporte, mais cette fois-ci le supplice est plus doux : on a surtout l'impression d'avoir les jambes qui deviennent énormes. Il suffit de se dire que ça va passer !

Après toutes ces émotions et ces machines infernales, Claudie repart, légèrement chavirée et impatiente de connaître les résultats. La réponse, positive, arrive après quelques semaines, accompagnée d'une autre convocation pour des tests psychologiques. Peu familiarisée avec cet aspect des choses, elle retourne à l'hôpital militaire, intriguée, un peu anxieuse, et elle y passe deux journées complètes. La première concerne la psychologie individuelle, avec des tests comme celui de Rorschach basé sur des taches d'encre dont il faut interpréter les formes. La deuxième journée lui semble moins mystérieuse et plus intéressante car elle concerne la psychologie de groupe. Ils se retrouvent à sept – Claudie est la seule femme –, enfermés dans une pièce avec un problème urgent à résoudre : un employé de parc zoologique s'est fait mordre par un serpent. Il va mourir d'un instant à l'autre, que faire ? Nos sept concurrents peuvent faire appel aux motards de la gendarmerie, aux hélicoptères, aux routes avec ou sans travaux, aux hôpitaux avec ou sans héliports, aux médecins avec ou sans sérum et à l'infirmière qui se trouve être la fiancée du malheureux, histoire de compliquer le suspense. Pour trancher entre toutes ces solutions : un plan de la ville, un tableau noir et, juste en face, une rangée de psychiatres aux mines sérieuses qui examinent les réactions de chacun, les phrases, les gestes, le moindre signe... C'est au groupe de prouver sa faculté d'adaptation, d'élire rapidement un chef, de distribuer les rôles et de suivre jusqu'au dernier moment un raisonnement efficace.

La vie dans l'espace : dur pour le moral !

Le côté psychologique est primordial, on s'en doute. La plupart des cosmonautes se caractérisent par une ambition à toute épreuve, une certaine confiance en soi, le sens des valeurs morales, un bon équilibre affectif et de la patience, ne serait-ce que pour être capable d'attendre des années avant de partir ! Mais la concurrence qui les oppose les pousse souvent à devenir carriéristes et la vie en groupe exige bien d'autres qualités encore. Quand on est appelé à côtoyer deux semaines – et parfois beaucoup plus – dans une station dont l'intérieur est grand comme une petite chambre, deux autres congénères avec qui on n'a pas forcément envie de dîner tous les samedis, on peut vite avoir des problèmes ! Toute cohabitation dans un espace restreint est difficile ; les cosmonautes sont comme les marins : tous dans le même bateau ! Mais ils ont aussi une vie beaucoup plus compliquée et fatigante, partagée entre de nombreuses tâches, qui n'est pas faite pour rendre l'humeur guillerette. Tous les vols posent les mêmes problèmes : stress, confinement, sentiment de solitude vis-à-vis de la Terre. Il faut donc trouver des candidats qui puissent accepter les règles de l'autorité, l'imprévu, le danger, et toutes les situations qui peuvent arriver dans ce genre de contexte. Ça, c'est pour la théorie. Dans la réalité, les séjours longs, le plus souvent six mois chez les Russes, réservent souvent des surprises. On y souffre surtout de l'ennui, d'un spleen qui peut devenir dangereux. Alors c'est la fête quand arrive le Progress, le camion de l'espace qui apporte tous les deux mois environ une cargaison de nourriture, eau, équipements scientifiques, pièces de rechange, linge, journaux et objets personnels. La grande joie des cosmonautes, c'est quand ils reçoivent des disques de bruitages, tous ces souvenirs sonores qui leur évoquent la vie d'en bas. Un cosmonaute s'est même fait apporter une guitare un jour, qui a donné un nouveau rythme à son séjour.

> La période critique, explique l'une des psychologues de l'Institut de médecine spatiale, Olga Koserienko, dans le mensuel *Ciel et Espace*, se situe entre le vingt-huitième et quarantième jour, quand les premiers effets sont passés, quand on commence à s'habituer, quand l'absence de variations de lumière vous fait voir les choses de la même couleur, jour et nuit. Cela ne serait pas grave si les cosmonautes en parlaient, mais, par professionnalisme, par respect de la dynamique de groupe, ils n'en disent généralement pas un mot.

Les psychologues doivent alors traquer la faille par questions détournées ou en étudiant les liaisons avec la Terre, qui sont enregistrées et permettent de réécouter la voix, les hésitations, les silences, le moindre signe. S'ils se rendent compte d'un malaise, ils organisent des surprises, la transmission du Journal télévisé, une liaison avec la famille, avec une personnalité politique, une star s'il le faut, pour les sortir de leur monotonie, les empêcher de décrocher de la réalité et leur rappeler qu'ils ne sont pas tout seuls, que des hommes et des femmes les attendent sur Terre. Et puis, après quelques semaines, les caractères se révèlent, et pas toujours de façon agréable. Le joyeux rigolo devient odieux et fait son travail en grognant dans son coin, tandis que le rouleur de mécaniques se transforme en gentleman et passe son temps à rendre des services. On en a vu raccrocher au nez de l'équipe au sol – ça fait très mauvais effet –, d'autres se hurler dessus – il n'y a pas le choix, on ne peut pas casser la vaisselle en impesanteur –, et on se souvient de celui qu'on avait surnommé Youri-triste, joyeux comme la porte du Kremlin, qui dans l'espace bavardait avec l'équipe au sol, gai comme un pinson, on ne pouvait plus l'arrêter ! L'exemple est fréquent, et on retrouve souvent cette répartition des rôles entre le clown gentil, le poète rêveur et le père protecteur.

> Il arrive aussi parfois, avoue Olga Koserienko, que le leader formel désigné ne soit pas le leader naturel de l'équipage. Il faut alors s'assurer discrètement que cela ne met pas le travail et la cohésion en péril, et que, en cas de crise, les membres de l'équipage obéiront sans réticence au patron désigné.

Les relations sont d'autant moins faciles que l'on se retrouve la plupart du temps à trois, dans la station orbitale ou la navette spatiale. Le chiffre trois... très mauvais, encore pire que le deux ! Pourtant Valéri Ryumin écrit en 1980 que toutes les conditions nécessaires pour effectuer un meurtre sont réalisées en enfermant deux hommes dans une cabine de dix-huit pieds sur vingt pendant deux mois. C'est dire... Faudra-t-il bientôt partir à quatre ou à cinq pour éviter les tensions ? Le détail est important car les aspects psychologiques sont les plus délicats pour notre survie dans l'espace. Davantage que les problèmes techniques, scientifiques ou médicaux, qui devraient tous se résoudre progressivement. Au prochain siècle, des hommes partiront dans des laboratoires installés sur Mars, le voyage et le séjour seront longs, deux ou trois ans, comment le supporteront-ils ? Ces travailleurs du troisième type devront être choisis avec subtilité si l'on ne veut pas assister à un thriller spatial sur la planète rouge. Pour que l'homme parvienne à sa tâche et rentabilise ses heures dans l'espace qui valent des milliards, il doit être heureux, confiant. La leçon est valable sur Mars, mais aussi sur la Terre. Pas besoin de décrocher la Lune pour comprendre l'importance du bonheur, mais Beregovoï, responsable de l'entraînement des cosmonautes à la Cité des Étoiles de Moscou dans les années 80, va plus loin. Il estime que la plupart d'entre nous meurent psychologiquement avant de mourir physiquement parce que nous n'y avons pas été préparés, que nous n'avons pas regardé notre existence s'achever au fil des jours avec sérénité...

Il faudra aussi connaître les conséquences psychiques d'un voyage aussi perturbant qu'une expédition vers Mars, car, malgré les sélections, certains ont déjà prouvé une grande fragilité, comme James Irwin, parti sur Apollo 15, qui a découvert sur la Lune qu'il avait pour mission de retrouver l'Arche de Noé sur le mont Ararat, ou Ed Mitchell, d'Apollo 14, qui a suscité quelques surprises en donnant sa démission pour créer une société de parapsychologie avec un voyant israélien et un guérisseur chinois ! Le spatial mène à tout...

Mais l'exemple le plus frappant reste celui d'Edwin Aldrin qui, avec Neil Armstrong, fut le premier à marcher sur la Lune et ne s'en remit jamais, comme le raconte Pierre Kohler dans *Les Grandes Heures des conquérants de l'espace* : le jour de son retour, il fit une crise parce que, en prenant sa douche, il trouva un short à la place du bermuda qu'il avait demandé. « C'est ainsi que j'ai repris contact avec les déceptions de la vie terrestre », a-t-il dit par la suite. Il sombra petit à petit dans une terrible dépression, harcelé par des questions philosophiques : « Je sais tout ce qu'il est possible de savoir sur la Lune, mais je m'aperçois que je ne sais rien de moi-même et de ma planète natale [...] Je suis allé sur la Lune, mais le plus grand voyage de ma vie a commencé, en fait, quand j'ai retrouvé ma planète natale. »

Heureusement, la plupart des autres résistent mieux à ce bouleversement, mais cela reste un problème pour les cosmonautes : que faire de mieux après avoir vécu une telle aventure ? Quel idéal, quel but ? D'autant plus qu'ils ne sont pas toujours aidés, notamment en France, où, une fois qu'ils ont fait leur travail, le CNES ne se charge pas de leur trouver une autre mission. Si Jean-Loup Chrétien doit repartir dans l'espace avec la NASA, il ne le doit qu'à ses relations personnelles avec les Américains, et Patrick Baudry aura dû se débrouiller seul pour trouver un job de pilote chez Airbus Industrie.

> C'est une de nos différences avec les autres nations, explique Claudie. La France doit négocier au coup par coup des opportunités de vols avec ses partenaires, ce qui nous laisse des perspectives d'avenir beaucoup plus floues que les Américains ou les Russes qui volent régulièrement tous les deux ou trois ans. Le système est différent. La formation des cosmonautes chez les Russes a toujours été particulièrement importante, elle obéit à tout un système politique, un mode de pensée qui veut défendre les valeurs de la nation dans un état d'esprit très compétitif. On commence très jeune et la pression est tout de suite très forte. D'où le nombre impressionnant de records aéronautiques et en parachutes, d'ailleurs. En France, nous faisons de temps en temps des sélections pour trouver des cosmonautes, mais ensuite, encore faut-il avoir l'occasion de les faire voler !

Et justement, Claudie, pour le moment, en pleine sélection, espère elle aussi faire partie, un jour, du voyage ! Sûre d'elle en ce qui concerne certains domaines, elle est plus perplexe après ces deux journées de tests, de questions et de dessins bizarres. A-t-elle bien coopéré ? A-t-elle l'esprit de groupe ?

A-t-elle donné le meilleur d'elle-même ? Qu'ont pu révéler de sa réelle personnalité tous ces tests qui semblent souvent étranges et incompréhensibles ? C'est un secteur qu'elle ne connaît pas bien, qu'elle ne peut saisir avec toute la subtilité nécessaire, qu'elle ne peut donc aborder en toute confiance.

> Je ne sais pas vraiment ce que les psychiatres en ont pensé mais je n'étais pas vraiment convaincue de ma prestation. On m'a longuement expliqué que j'avais eu quelques réponses « masculines » mais qu'il n'y avait rien de pathologique. Nous avons tous une part masculine et une part féminine en nous-mêmes, ce n'est donc pas très inquiétant. Mais je n'aime pas trop me pencher sur moi et sur les méandres de mon psychisme. J'ai rencontré ensuite, durant cinq ans, un psychiatre militaire très sympathique mais à qui je n'avais absolument rien à dire. Après quatre années de silence, il a fini par reconnaître que cela ne servait pas à grand-chose et que je n'avais besoin de rien. Ouf !

Et, preuve que tout va bien, elle reçoit quelques mois plus tard une autre convocation, pour des interviews, cette fois-ci. Les choses se précisent puisqu'ils ne sont plus qu'une trentaine dans la course, dont une seule autre femme, une biologiste. Ils défilent devant un parterre de personnalités pour répondre à toutes sortes de questions, générales, médicales ou spatiales destinées à éprouver leur culture, leur aisance, leur motivation. Un oral épuisant qui exige une rapidité et une concentration parfaite, dernière épreuve de ce parcours du combattant.

Quelques mois plus tard, par un beau week-end de ce mois de septembre 1985 que Claudie passe avec sa famille, arrive un télégramme lui annonçant un rendez-vous avec le directeur général du CNES. Serait-ce le signal de la victoire ? Elle l'apprendra le lundi, en se retrouvant avec les six autres heureux élus, tous un peu intimidés par une nouvelle aussi grandiose : ils seront les spationautes de demain ! Chacun se présente : Michel Tognini et Jean-Pierre Haigneré, tous deux pilotes d'essai, Jean-François Clervoy et Frédéric Patat, deux ingénieurs polytechniciens, Jean-Jacques Favier, physicien du CEA, et Michel Viso, vétérinaire de l'INRA. On leur dresse un tableau époustouflant de l'avenir puisque, à l'époque, les vols habités représentent un secteur très prometteur : programme Hermès, coopération avec la NASA et l'Union soviétique... tout paraît merveilleux, irréel, céleste ! Le futur leur appartient, oui, ça y est, ils vont décrocher la Lune ! Claudie a du mal à réaliser ce qui lui arrive, tout se bouscule dans sa tête... Elle comprend seulement qu'à partir d'aujourd'hui plus rien ne sera comme avant, que son univers est en train de basculer dans un monde totalement différent, inconnu, exaltant. Tout va déjà très vite : à peine finie la réunion, ils courent à une conférence de presse et se retrouvent face à une meute de journalistes débridés qui les pressent de questions : « Comment voyez-vous l'avenir ? Les épreuves ont-elles été terribles ? Avez-vous peur de ce qui vous attend ? Que ressent-on quand on est la première femme française à être élue ? Vous vous y attendiez ?... » Au secours ! Laissez-les redescendre sur terre, ils ne savent plus où ils en sont ! Ce que les journalistes vont interpréter comme un manque d'enthousiasme ou de la froideur n'est que de la timidité. Nos héros sont moins embarrassés dans une centrifugeuse que devant un micro ; répondre à chacun quelque chose de percutant, en souriant, sous le crépitement des flashes... c'est un métier ! Mais ne vous inquiétez pas, ils vont l'apprendre très vite.

Claudie sélectionnée : la porte du ciel s'entrouvre

Pour le moment, place à la fête ! Les parents de Claudie n'en croient pas leurs oreilles, papa frémit de fierté et maman tremble de peur, ses amis lui font une véritable ovation et ses collègues acclament la première Française qui va s'envoler sur les traces de Gagarine. Même son petit neveu raconte à la récré que sa « tata, elle est cosmonaute » ! Aïe ! la maîtresse n'aime pas les racontars : tu me copieras vingt fois : « Je ne dois pas mentir. » Est-ce d'ailleurs la vérité ? Faire partie d'une telle élite ne signifie pas pour autant que l'on partira pour le grand voyage de façon certaine, le long parcours du combattant ne fait que commencer.

> Quand nous avons appris la grande nouvelle, se souvient Pascal, le frère de Claudie, mes parents ne comprenaient pas très bien pourquoi elle voulait faire ce métier qu'ils trouvaient étrange pour une femme, mais quand, un peu plus tard, il y a eu le drame de la navette Challenger, je sais – parce qu'on me l'a répété – que mon père a éclaté en sanglots. Quant à ma mère, j'étais avec elle, elle donnait le biberon à mon fils en regardant la télévision. J'ai entendu un grand cri. Dès lors, elle a été toujours très angoissée. Et l'un comme l'autre demandait souvent à Claudie : « Mais pourquoi tu veux continuer, pourquoi ? » Les rapports étaient d'autant plus difficiles que leurs enfants étaient partis vivre chacun dans des régions différentes, ma sœur à Lille, moi à Rennes, Claudie à Paris. C'est toujours une déchirure pour des parents ! Heureusement, nous nous retrouvions très régulièrement au Creusot, comme avant !

Pour Claudie, s'ouvre une nouvelle carrière, un horizon infini : l'espace ! le ciel, déjà rempli de satellites qui assurent toutes sortes de missions importantes. La majorité d'entre eux ont un objectif militaire. A eux de signaler qu'un pays prépare une invasion ou de surveiller l'application d'un traité de désarmement. Surnommés les " satellites bleus ", ils représentent un grand espoir pour la paix de demain. »

D'autres nous envoient de belles images de nuages pour que M. Météo puisse nous expliquer le mouvement des cyclones et tente – pas toujours avec succès – de prédire le temps qu'il fera demain. Les satellites de télédétection, que certains appellent les « satellites verts », observent notre planète et sont devenus primordiaux pour notre environnement. Ils permettent de repérer le réveil d'un volcan ou le début d'un incendie, surveillent l'effet de serre ou le fameux trou de la couche d'ozone. Le nouveau programme de la NASA, le MTPE (Mission pour la santé de la planète), sera capable de scruter chaque décimètre carré et de diagnostiquer le moindre problème en temps réel. Ces satellites annoncent une ère nouvelle, la fin des terreurs de l'homme face aux grandes colères de la nature. A défaut de les empêcher, nous pourrons nous préparer à subir un tremblement de terre ou une famine provoquée par les ravages des cultures par les insectes.

D'autres, encore plus précis, travaillent en cas de sinistre ou d'accident et peuvent suivre un bateau ou un avion dont la balise de détresse se déclenche, dans des zones où l'homme ne pourrait se rendre, avec une précision à cinquante centimètres près ! Ils ont déjà sauvé la vie à des milliers de gens et évité bien des malheurs. Dans les années à venir, on prévoit la mise en service de cinq cent mille balises de détresse, dont certaines coûtent déjà moins de dix mille francs, qui permettront de retrouver un bateau de vacanciers perdu en mer ou une voiture volée, grâce aux huit cent mille terminaux mobiles de suivi par satellite qui existent en Europe. Faut-il préciser qu'ils appartiennent essentiellement aux États-Unis, à la Russie, au Japon et à l'Europe, créant une terrible injustice ? Mais, à environ un milliard de francs le satellite, les pays du tiers monde ne sont pas prêts de s'en offrir ! Ils réclament pourtant, sans grand succès, que les informations les concernant leur soient transmises en priorité afin d'éviter des coups bas comme celui de 1975, quand un satellite américain a pris en photo des plantations de café au Brésil révélant que le gel avait abîmé les récoltes. Avant que les cultivateurs ne puissent s'en rendre compte, quelques Américains bien informés avaient acheté les derniers stocks de café. Comme les prix ont grimpé brusquement, ils ont empoché des fortunes ! L'espace est une affaire d'argent, où la concurrence est redoutable. « Avec le prix d'un seul satellite, vous pourrez donner un bol de riz à chaque Indien », reprochaient certains à Indira Gandhi. « C'est vrai, répondait-elle, mais une fois qu'ils l'auront mangé, le problème restera le même, alors qu'avec un seul satellite, j'apprends à des dizaines de millions de personnes comment produire le riz pour qu'ils en mangent tous les jours. En plus, je leur apprends des notions d'hygiène et de soin qui leur font cruellement défaut. » La télévision reste, en effet, le meilleur moyen que l'on ait trouvé en Inde pour informer les agriculteurs ou contrôler les naissances.

Enfin, parmi tous ces satellites, certains sont prévus pour accueillir des hommes et leurs expériences : le laboratoire Spacelab que l'on place dans la soute de la navette américaine pour une mission de seize jours maximum, et le complexe orbital soviétique Mir qui tourne dans l'espace depuis le 19 février 1986 et reste actuellement le seul laboratoire spatial permanent.

Tous ces satellites ont bouleversé notre monde, sans que l'on en prenne toujours conscience, en nous permettant d'améliorer le quotidien. Ils ont surtout aboli les frontières : aujourd'hui, plus rien ne peut se faire sans que toute la planète le sache. Le satellite c'est le pouvoir. C'est l'enjeu politique de demain, amenant les pays à se faire une concurrence terrible mais aussi à travailler ensemble car aucun d'entre eux, même le plus puissant, n'est capable d'affronter seul un tel défi. La prise de conscience des problèmes de notre planète et de ses évolutions nous force à coopérer. Si les Allemands rachètent avec frénésie des équipements européens, ils ne pourront pas grand-chose sans le savoir-faire des Français, et si les Japonais préparent leur voyage sur la Lune, ils auront absolument besoin de la technologie américaine et russe. La conquête de l'espace ne pourra se faire sans le rapprochement des peuples.

Le projet de l'industriel français Nersi Razavi en est d'ailleurs la jolie illustration : pour accueillir le prochain siècle, il veut lancer un satellite nommé l'« Étoile de la Tolérance », qui réfléchira tant la lumière du Soleil que chacun d'entre nous pourra le voir à l'œil nu. Grâce aux réseaux de radiomessagerie, type Alphapage, il nous livrera des messages de paix, dans notre langue, chaque fois qu'il passera au-dessus de notre pays, grâce au parrainage de l'Unesco et de ses cent quatre-vingt-cinq pays membres qui se chargent de trouver les... cent millions de francs nécessaires. Ça fait cher l'utopie !

On veut créer un instrument de culture qui s'adressera à toutes les couches de la population, les pauvres comme les riches, explique Nersi Razavi. Vous connaissez un média qui touche autant de personnes ? Ce sera une « radio universelle virtuelle ». Chaque fois qu'un individu la contemplera, s'il pense à la paix, ce sera gagné !

Lancement de l'opération : le 31 décembre 1999. Avec de tels symboles, notre troisième millénaire naîtra-t-il sous une bonne étoile ?

Pour Claudie, ce nouveau titre de gloire de « première cosmonaute française » est aussi la découverte de la célébrité, de tous ces rêves que l'on symbolise soudainement pour des milliers de Français et de Françaises, quand on est une ravissante jeune femme, féminine, intelligente, sportive, brillante, d'une élégance très parisienne, première française à prendre rendez-vous avec le monde de l'infini... Les hommes vont être séduits et les femmes flattées d'être aussi bien représentées dans un secteur d'avenir où elles ne sont guère nombreuses. Étonnamment, le succès ne lui tourne pas la tête. Éducation, manque de confiance en soi, ou tout simplement désintérêt, les raisons sont diverses... Claudie reste réservée et discrète. Elle plaît, elle le sait et n'a nul besoin de vanter ses mérites. Son travail tient pour preuve. Elle garde aussi son « sacré caractère » de petite fille et ne fait aucune concession. Tout si elle veut, rien si elle refuse. C'est clair, poli, net. Et ce regard intense qu'elle vous plante dans les yeux achève de vous convaincre. Il lui faudra ce tempérament pour ne pas se laisser dépasser par la situation, garder la tête froide au moment de découvrir la vie grisante que l'on réserve aux héros.

Je me souviens notamment de mon premier séminaire, à Deauville, raconte Claudie. J'étais logée dans une suite, dans un bel hôtel, et j'étais très impressionnée. Mais à part quelques événements de ce genre, ce qui m'a le plus marquée quand j'ai découvert la vie des cosmonautes, c'est la façon dont ils sont protégés à la Cité des Étoiles. Pour le coup, il n'y a aucun luxe, les bâtiments sont vieux et on ne trouve que le strict nécessaire mais cela suffit pour que vous n'ayez besoin de rien. L'essentiel est prévu. Vous apprenez justement à vous passer de beaucoup de choses superficielles et en même temps vous êtes dorloté. Tout le monde est aux petits soins pour que vous vous sentiez bien et que vous puissiez travailler dans les meilleures conditions. C'est ça, finalement, le luxe !

Mais pour l'instant, Claudie n'est pas encore à la Cité des Étoiles. Et ce n'est pas parce qu'elle a été élue qu'elle volera ! Les spationautes sont plus nombreux que les missions, et il va falloir maintenant attendre que la chance lui sourit. On lui conseille au CNES de suivre une formation scientifique dans le domaine de la recherche fondamentale. Elle pourra ainsi réaliser des expériences sophistiquées dans l'espace et affiner sa spécialité de scientifique face aux pilotes d'essai, souvent avantagés par leur expérience de vols. Claudie décide donc de repartir pour cinq années d'études supplémentaires : un DEA de biomécanique et physiologie du mouvement qu'elle obtiendra l'année suivante, en 1986, puis une thèse de neurosciences qu'elle soutiendra en 1992. Son choix se porte sur le laboratoire de physiologie neurosensorielle, le LPN, dirigé par le Pr Berthoz. Premier laboratoire français à avoir effectué des expériences spatiales, avec Jean-Loup Chrétien en 1983, il travaille depuis de nombreuses années autant avec les Américains qu'avec les Soviétiques.

Ce fut une expérience formidable, se souvient-elle : choisir un sujet de recherche, se poser une question

> précise et mettre en place tous les moyens expérimentaux pour y répondre, progresser pas à pas et parfois – ô joie – obtenir une victoire. J'y travaillais à mi-temps, mais en fait je passais souvent mes nuits et mes week-ends « chez Berthoz » car cela me captivait.

C'est dans ces grands bâtiments de la rue de l'École-de-Médecine, avec leur dédale de longs couloirs sombres à la peinture défraîchie et leurs sous-sols dont les murs de béton sont couverts de tuyaux, que Claudie plonge dans ce monde si particulier et difficile de la recherche, avec pour maître de cérémonie Alain Berthoz. L'œil malicieux et le sourire épanoui, il a la passion contagieuse et l'exigence des gens qui n'ont pas de temps à perdre pour explorer des domaines obscurs, répondre à toutes les questions qui se posent face à cette grande inconnue qu'est l'impesanteur. Il fait partie des premiers à avoir étudié les mécanismes du cerveau dans l'espace : comment perçoit-on le temps qui passe tout là-haut ? Gardons-nous la même mémoire ? Sommes-nous plus sensibles à la douleur ? Vaste univers qui peut nous en apprendre beaucoup sur nous-mêmes et qui nous permettra de nous adapter à l'espace au cours des prochains siècles, quand l'homme partira coloniser d'autres planètes.

La fabuleuse histoire de la médecine spatiale

La physiologie et la médecine spatiale sont très récentes, nées en URSS le 6 août 1961. Quatre mois après le vol historique de Youri Gagarine, le deuxième héros russe, Guerman Titov, part pour une petite balade d'une heure, confiant et souriant, après cette première grande victoire. Las ! Il revient malade comme un chien, saisi de vertiges et de nausées... un enfer. Effarement de tous : on vient de faire connaissance avec le mal de l'espace, qui sera le triste compagnon de tous les cosmonautes. Youri Gagarine faisait partie de ces rares privilégiés pour qui dépasser l'atmosphère ressemble à aller pique-niquer dans les champs de blé. Mais il reste un cas exceptionnel. Dès lors, il faut prendre tous les moyens pour rendre la vie supportable aux cosmonautes : on appelle les meilleurs médecins, les chercheurs les plus pointus dans les sciences de la vie, les ingénieurs les plus astucieux pour concevoir un matériel adapté. Les Soviétiques se lancent à corps perdu dans un secteur totalement nouveau – dont ils restent aujourd'hui encore les grands spécialistes –, avec l'objectif, lointain mais certain, de la conquête de Mars. Il fallait coûte que coûte garder l'avance acquise vis-à-vis des Américains, mais à quel prix ! C'est la guerre de l'espace. Certains l'ont payée très cher, car les fameux vols de chiens dont la célèbre Laïka, dans les années 50, ne suffisaient pas pour connaître précisément les sensations spatiales. Il fallait donc des cobayes humains. En 1967 – a-t-on appris récemment dans le mensuel *Science et Vie* de mai 95 –, un groupe de jeunes militaires, de « cosmonautes zéro », est constitué pour des expériences dont la finalité est parfois dramatique. Bogdan Guk est projeté à plus de trente mètres de hauteur dans une catapulte avant de retomber sur le sol. La première fois se passe bien. A la deuxième, on entend des os craquer. La moelle épinière brisée, il se retrouvera dans une chaise roulante avec une belle médaille. Victor Volkov, lui, fit les frais de la centrifugeuse que l'on ne savait pas encore doser. Après des accélérations trop fortes, des fibres musculaires de son cœur se déchirèrent. Il fut renvoyé avec sa décoration en poche. A force d'être enfermés dans des containers pleins d'eau, de rester sur un lit durant des semaines, de supporter des séries de décompression puis de recompression, tous ces hommes avaient subi, après quelques années, de sérieuses perturbations baptisées par les médecins des « changements de fond » : embolies gazeuses, arthrites, micro-infarctus cérébraux, etc.

Dans les années 70, le programme s'intensifie. Le premier homme sur la Lune est un Américain, c'est la gifle ! Car les Soviétiques avaient prévu eux aussi un voyage spectaculaire en 1967, pour fêter le cinquantième anniversaire de l'URSS. Malheureusement, Sergueï Korolev est mort brusquement en 1966, mettant fin aux rêves les plus beaux. Cet ingénieur remarquablement intelligent est le père de l'histoire spatiale soviétique, sans qui rien n'aurait pu être fait. Inconnu des Occidentaux, ce n'est qu'à sa mort que l'on va découvrir le destin extraordinaire de ce chercheur qui a échappé miraculeusement aux purges et a passé quelques années dans la mine de Kolyna, en Sibérie, dont bien peu sont revenus. Envoyé de prison en prison et condamné comme « ennemi du peuple », il finit à Moscou et adresse une note au gouvernement le suppliant de considérer que l'avenir ne pourra se faire sans progrès aéronautiques et qu'il faut se mettre à y travailler sans tarder. Convaincu par les arguments de ce brillant ingénieur, Staline ordonne qu'on le libère pour qu'il mette au point une équipe capable d'exploiter les quelques fusées V-2 récupérées en Allemagne à la fin de la guerre. Dès lors, la carrière de Korolev va s'envoler aussi loin que ses fusées. En 1955, il commence ses expériences sur un champ de tir installé dans le lieu le plus reculé et le plus discret que l'on ait trouvé, dans les steppes du

Kazakhstan, près de Baïkonour. Pourtant, grâce à leur avion-espion U-2, les Américains vont assez vite comprendre qu'il se trame des choses dans ce désert. La guerre spatiale a commencé, chacun tentant de doubler l'autre.

Mais c'est Korolev qui arrachera la première victoire en envoyant le satellite Spoutnik dans l'espace, le 4 octobre 1957. Le monde occidental apprend la nouvelle le lendemain, fasciné par cet exploit. Pour Nikita Khrouchtchev, c'est l'occasion inespérée de vaincre l'Amérique et de donner à toute la planète une image moderne de l'Union soviétique. Les essais se poursuivent, avec un but précis : la Lune. Pour savoir comment réagit un organisme vivant dans l'espace, on envoie plusieurs chiens, dont la célèbre Laïka, premier être vivant qui vivra une semaine en impesanteur. Bien qu'elle mourût à cause de l'épuisement des batteries de bord au bout du septième jour, ce nouvel exploit va encore frapper l'opinion mondiale. Pour l'anecdote, Jacques Villain raconte dans *Baïkonour, la porte des étoiles* (SEP-Armand Colin) que, le 19 août 1960, un vaisseau devait emporter des insectes et deux chiennes, Belka et Strelka. Mais, au moment du départ : « Strelka s'échappa et personne ne put la rattraper. Alors que l'heure du décollage approchait, on prit la décision de mettre à bord le premier chien qui passerait près de la plate-forme de tir. Ce qui fut dit fut fait. Une nouvelle Strelka fut pourvue de capteurs et installée dans le Vostok à côté de Belka. Lors du retour sur terre et de l'ouverture du vaisseau, les techniciens constatèrent non sans surprise que des deux chiennes, la seule à pouvoir se tenir debout et courir dans la steppe fut celle qui n'avait pas subi d'entraînement et qu'on avait embarqué au dernier moment. » Comme quoi...

Étape suivante : l'homme. Est-il capable de faire le

grand voyage et d'aller un jour sur la Lune ? Pour trouver ce héros, on recrute trois mille pilotes militaires qui vont subir une sélection terrible et ne seront plus que six au final. Mais Khrouchtchev veut un prince charmant qui fasse rêver dans les chaumières, en version communiste : il doit être russe de pure souche, né dans un petit village et non dans une grande ville, être issu d'une famille modeste. Enfin, il faut qu'il soit petit et léger car la cabine spatiale qu'on lui prépare est minuscule. Celui qui remplit toutes ces conditions s'appelle Youri Aleksievitch Gagarine. Il a tout juste vingt-sept ans. La petite histoire dit aussi qu'il fut choisi grâce à sa franchise car les médecins auraient demandé aux cosmonautes de prendre une pilule sans leur dire qu'elle leur provoquerait une horrible migraine. De peur d'être éliminé, aucun n'a osé avouer qu'il avait mal à la tête, sauf... Gagarine ! Ouf, la morale est sauve... Malgré une série d'échecs sur les huit essais préliminaires, le vol du 12 avril 1961 est maintenu, dans la plus grande discrétion. Pourtant, des bruits courent en Occident, chacun imaginant et racontant n'importe quoi. A six heures du matin, une poignée de techniciens accompagne, presque en cachette, celui qui va tenter le plus grand exploit de l'homme. Le manque de cérémonie n'empêche pas l'émotion, et ils sont quelques-uns à pleurer, persuadés que le voyage sera sans retour. Gagarine, dissimulé derrière son nom de code « Cèdre », lance « tous pour un et un pour tous », fait un signe de la main pour saluer l'assistance, geste symbolique que tous les cosmonautes feront par la suite, puis monte dans l'ascenseur vert qui l'emporte au sommet de la tour de lancement, ce fameux ascenseur qui n'a pas changé depuis. Korolev regarde une dernière fois celui qu'il considère comme son fils. Vingt minutes plus tard,

Gagarine dit ce mot resté célèbre : *Poekhali* (On y va !), et la fusée Zemiorka s'ébranle. Il est 9 h 07. Le vol va se passer plutôt bien, sans graves problèmes techniques, sans troubles psychiques, quand la plupart pensaient que le cosmonaute deviendrait fou. Au contraire, il montre une joyeuse bonne humeur, une lucidité parfaite, et décrit inlassablement le merveilleux spectacle qu'il est le premier à admirer :

> Tout ce que j'ai vécu, tout ce que j'ai fait a été fait et vécu pour cette minute : accomplir le premier ce dont des générations d'hommes ont rêvé, être le premier à tracer la voie vers l'espace pour l'humanité.

A 9 h 59, l'Agence Tass et Radio-Moscou annoncent officiellement la nouvelle. Le monde entier s'en frotte les yeux : c'est incroyable, impossible ! Après un vol de cent huit minutes dans cette petite cabine, il atterrit dans un champ, près du village de Smelovaka, dans la région Saratov. Anna Takhtarova, la femme du bûcheron, est en train de planter ses pommes de terre. Sa fille de six ans lui dit : « Tiens maman, il y a quelque chose de bizarre qui est tombé du ciel ! » Toutes deux accourent un peu inquiètes et voient un homme sortir et leur dire avec un grand sourire : « Je suis des vôtres, je suis des vôtres ! Je viens de l'espace », comme s'il était parti faire des courses. Ça, c'est pour la légende. En réalité, durant les six premiers vols, les cosmonautes se sont éjectés de la capsule pour redescendre en parachute car on craignait que la chute sur terre ne soit trop dangereuse. Mais l'idée d'avouer qu'un pilote abandonne son vaisseau était indigne d'un héros russe ! On ne l'apprendra qu'en 1978, comme bien d'autres choses...

Dès son retour, Gagarine devient un demi-dieu. Il va parcourir le monde pour serrer la main des plus grands, rencontrer les plus puissants, séduire les foules et répandre la pensée communiste. Quant à Korolev, il reçoit l'ordre de ne pas apparaître en public et de vivre dans le plus grand anonymat pour des raisons de sécurité. Son nom devient secret d'État ; personne n'est autorisé à le citer, même lors d'un dialogue-radio, ce qui excite l'imagination des Occidentaux qui tentent, sans succès, de savoir quel est ce grand savant glorieux et inconnu qui se cache derrière l'appellation de *Glavny Konstructor* (le « principal constructeur »). Malgré ces difficiles contraintes imposées par le KGB, le « père du Spoutnik » reçoit carte blanche du Kremlin, avec tous ses compliments, pour ce second camouflet infligé aux États-Unis. Et celui-là est de taille ! Cinq jours avant cet exploit, le débarquement manqué de la Baie des Cochons à Cuba a déjà ébranlé sérieusement l'orgueil américain. C'en est trop ! Le 25 mai 1961, John Kennedy annonce au Congrès que désormais la conquête de la Lune est la priorité. La concurrence s'intensifie, chacun voulant battre un record. C'est ainsi que, l'année suivante, l'Américain John Glenn fera trois fois le tour de la Terre, et que, l'année d'après, la première femme au monde s'envolera, Valentina Tereshkova, une Soviétique ! Mais cette course à la performance est brutalement stoppée par la mort accidentelle de Korolev, à la suite d'une opération au côlon, le 14 janvier 1966.

Le monde spatial soviétique se retrouve orphelin, désemparé, traumatisé, et assiste, impuissant, aux premiers pas de Neil Armstrong sur la Lune. Un échec cuisant qu'il n'acceptera jamais. Dès lors, on abandonne tout projet de ce type pour ne pas « finir les restes ». On classe le dossier, on envoie les responsables du programme en des lieux secrets et on se débarrasse du matériel : aujourd'hui, des morceaux de la superfusée N 1 servent de garage à voitures ou de bacs à sable à Leninsk, près de Baïkonour. Pourtant, une nouvelle décision est prise : si les Américains ont eu la Lune, les Soviétiques, eux, auront Mars ! Ils apprendront à vivre dans l'espace, des mois entiers, puis des années. Pour être capables d'affronter une telle expédition, ils se spécialiseront dans les vols de longue durée et vont développer la médecine spatiale pour mieux connaître les lois de l'impesanteur. Alors, on rappelle à nouveau les cobayes et en avant jeunesse, au nom du socialisme vainqueur ! A bord des stations Salyout, on inaugure des méthodes d'adaptation et, sur terre, l'enfer recommence. L'un de ces « cosmonautes numéro zéro », Sergueï Nefiodov, raconte son séjour enfermé dans une cuve remplie d'eau (*Science et Vie*, mai 1995) :

> La première partie de l'expérience devait durer seulement vingt-huit jours et je ne peux même pas vous décrire la première demi-heure, ni la première heure. Le temps s'arrête, c'est une torture pure et simple. Impossible de se lever, il n'y a plus aucun repère, sauf les médecins qui se penchent sur vous pour observer. Les derniers jours, je ne vivais plus que pour le moment où j'allais pouvoir enfin me lever. Mais le médecin est venu me demander, très excité, si je voulais bien continuer l'expérience pour encore vingt-huit jours. On me sortit de l'eau pour me faire passer à la centrifugeuse, j'étais incapable de me lever. Après quoi, je dus retourner donc dans le caisson pour un mois de plus. Indescriptible !

Le groupe des cobayes fut décimé. Blessures, morts, dépressions, suicides, alcoolisme ou drogue. Leur espoir était anéanti : aucun d'entre eux ne partit dans l'espace, malgré toutes les promesses. Il ne leur restait que la fierté de faire partie d'une élite, d'être un communiste valeureux mais aussi la peur de désobéir et des sanctions éventuelles. Reste que leur sacrifice aura permis à la génération suivante de s'envoler vers l'avenir. C'est à cette époque, dans les années 70, que les premiers contacts s'établissent avec les laboratoires français, puis européens, et créent une sorte d'électrochoc. Nos scientifiques – qui ignorent l'existence de ces malheureux cobayes – découvrent avec émerveillement cette avancée prodigieuse et ce fantastique laboratoire qu'est une station spatiale, seule capable d'éclaircir ce grand voile sombre qui plane au-dessus de nos têtes. Ils vont eux aussi apporter leur contribution, leurs propres expériences, leur matériel plus sophistiqué pour un échange constructif. Aujourd'hui encore, les Russes restent les meilleurs dans le domaine, avec une approche très différente des Américains qui privilégient les médicaments comme moyens d'adaptation. A court terme, c'est beaucoup plus confortable, on est rapidement soulagé et on souffre moins du mal de l'espace. Mais il vaut mieux adapter en profondeur et progressivement l'organisme grâce à d'autres techniques.

Toutes ces études, ces expériences posent bien sûr un problème d'ordre moral, comme l'explique René Bost, directeur du MEDES, l'Institut de médecine et de physiologie spatiale :

> Aujourd'hui encore, a-t-on le droit de faire subir de telles épreuves à ceux qui n'en tireront pas de gloire ? C'est une question de mentalité et de civilisation. Chez les Soviétiques, risquer sa vie pour rendre service à une cause commune était un acte honorable et bien perçu. Chez les Latins, on ne doit pas porter, et sous aucun prétexte que ce soit, atteinte à l'intégrité de l'individu. Les Américains ont organisé des expériences de longue durée avec des volontaires rénumérés ou des prisonniers, contre des remises de peine,

mais jamais il ne s'agissait d'expériences longues et présentant un réel danger.

Claudie découvre une nouvelle passion : la recherche

On imagine la réaction d'un jeune médecin comme Claudie découvrant ce monde sans limites, aux perspectives innombrables. Au laboratoire de physiologie de Berthoz, elle va vivre cinq années de passion intense, dévorante.

> Quand elle est arrivée au laboratoire, se souvient Alain Berthoz, c'était une jeune fille en jean et en blouson, très frêle et souriante, qui ignorait tout de notre spécialité. Je l'ai tout de suite prévenue que ce serait très difficile car, chez moi, on ne fait pas une thèse à mi-temps. Mais Claudie est une des personnes les plus déterminées que j'ai connues. Toujours d'humeur égale, sans se plaindre des efforts qu'elle fournit, ce qui est bien rare. Pourtant, elle en a passé des milliers d'heures à dépouiller des données dans une cave ! Il fallait vraiment qu'elle ait la foi ! Surtout qu'elle faisait partie du milieu médical qui est très différent. Le médecin est considéré comme une sorte de dieu, avec des satisfactions fréquentes auprès de ses malades. Chez nous, cela n'a rien à voir, on travaille des années seul et dans l'ombre avant d'obtenir un résultat. Quand on en obtient ! Mais la vie d'un laboratoire est très enrichissante car vous y rencontrez des normaliens, des ingénieurs, des gens qui ont une autre approche intellectuelle des choses. C'est d'ailleurs une atmosphère très proche de celle du milieu spatial et, pour Claudie, c'était une nouvelle ouverture, une façon de mieux se préparer à son rôle futur.

Ayant repris ses consultations de rhumatologue à l'hôpital Cochin pour retrouver cet « aspect manuel » de son métier qu'elle aime tant, Claudie choisit comme sujet de recherche chez Berthoz : « L'étude du rôle des synergies oculo-céphaliques dans l'orientation du regard chez l'homme », c'est-à-dire la coordination des mouvements des yeux et de la tête pour s'orienter dans l'espace avec ou sans pesanteur. Un thème qui l'implique dans la préparation de la mission Aragatz, que Jean-Loup Chrétien réalise en 1988 à bord de la station Mir, avec notamment les expériences « Physalie » et « Viminal », qui consistent à analyser les mouvements des yeux vers des cibles fixes ou mobiles, la tête libre ou attachée.

De plus en plus spécialisée, elle assure, dès 1989, la coordination scientifique de la mission franco-russe Antarès, avec Michel Tognini, et rentre au CNES, comme ingénieur – le statut de « cosmonaute » n'existe pas en France – responsable des programmes de physiologie et de médecine spatiale, à la division « sciences de la vie ». Encore un nouveau métier qui l'amène à rencontrer toutes sortes de gens. Pour organiser une mission, il faut sélectionner des expériences qui en valent la peine. On fait donc appel aux hôpitaux, laboratoires et organismes scientifiques, puis le CPS, Comité du programme scientifique, les sélectionne pour définir un programme précis. Il faut aussi travailler avec nos partenaires internationaux, américains (NASA), russes (RKA, RKK Energia et IMBP), allemands (DARA), européens (ESA) et autres pour coordonner ensemble des expériences scientifiques en microgravité et des moyens matériels aux coûts exorbitants. Et cette fois-ci c'est du sérieux, c'est la première fois que le CNES apporte une contribution financière pour une mission dans la station Mir. Antarès durera quatorze jours et coûtera

73,2 millions de francs. Maintenant, la coopération et l'amitié ne suffisent plus pour aller dans les étoiles, il faut payer ! Les Russes découvrent les lois du capitalisme et tentent de trouver de l'argent où ils peuvent pour colmater les failles d'une société qui se désagrège progressivement. Claudie travaille avec Geneviève Gargir qui dirige à l'époque le département « science de la vie » :

> C'est une époque où nous étions souvent ensemble, se souvient cette dernière, nous voyagions beaucoup. C'était très agréable car Claudie a une force de travail exceptionnelle, jour et nuit, elle n'arrête pas ! Tout en restant très discrète, et très calme, en toutes circonstances, ce qui est essentiel dans ce métier où les tractations sont parfois épineuses. Elle s'est très bien fait admettre dans un milieu terriblement phallocrate. Je ne l'ai jamais vue s'énerver, pourtant parfois il y a de quoi ! Mais s'il faut accepter les différences, on ne peut pas avoir la même attitude avec les Américains qui sont très décontractés à première vue, vous appellent tout de suite par votre prénom en vous tapant sur l'épaule et vous sortent des plaisanteries bon enfant, mais qui se révèlent ensuite très exigeants, rigides et vous imposent finalement des relations très impersonnelles. Avec les Russes, c'est encore autre chose, ce sont de grands passionnés, des sentimentaux, avec un sens extrême du protocolaire. Chez eux, tout est en nuance, et cela dépend surtout de la personnalité de l'interlocuteur que l'on a en face de soi, mais on finit toujours par s'arranger. Malgré les apparences, ils sont souvent plus faciles dans les tractations. Et avec tous ces ingénieurs et scientifiques de très haut niveau, Claudie était comme un poisson dans l'eau !

Des voyages à travers le monde, des rencontres avec les responsables, des discussions parfois houleuses et des projets que l'on porte à bout de bras, que l'on concrétise, année après année, non sans quelque anxiété, vu les sommes investies et l'œil toujours critique du milieu scientifique... c'est une vie passionnante et une formation complète, indispensable si elle veut voler un jour, elle aussi, de ses propres ailes.

> Attendre dix ans entre une sélection et l'opportunité de voler paraît très long à première vue mais ce n'est pas le cas, explique Claudie. J'ai vécu des années passionnantes car j'ai eu la chance d'occuper les différentes positions liées à la recherche spatiale, d'abord celle du chercheur qui s'intéresse aux expériences en microgravité, vie passionnante mais très solitaire, puis celle du gestionnaire avec de nombreuses rencontres, les aspects administratifs, les relations internationales, un travail de coordination et d'organisation ; enfin, dès 92 je suis devenu moi-même cobaye pour vivre vraiment certaines expériences. Cette découverte du monde spatial ce n'était rien d'autre que la vie pour moi, et je l'ai vécue à 100 pour cent, alors le temps a passé très vite, trop vite peut-être. J'espère que l'on a plusieurs vies, car j'ai encore tant de choses à découvrir !

Et la vie privée dans tout ça ? Ce n'est pas le plus important. Oh, bien sûr, il y a les vacances, les amis, le cinéma, le sport, qui passent toujours au second plan. Mais il y a aussi un homme avec lequel elle découvre l'amour qu'elle va vivre intensément durant huit ans. Rien à voir avec ses relations d'amitié tendre qu'elle avait eues avec son mari ! Michel est un médecin très réputé, grand séducteur, beau et brillant, qui accumule les succès. D'un caractère explosif et entier, il fait partie des hommes avec qui la vie ne peut être qu'une passion. Connaissant le tempérament de Claudie, ils préfèrent vivre à vingt mètres l'un de l'autre, dans des immeubles voisins, mais en appartements séparés, c'est... plus sage. Sans cesse débordé de travail ou en conférence à l'étranger, il comprend la soif de vivre de sa jolie brune et la pousse à travailler davantage pour aller plus loin encore. Plus âgé, plus expérimenté, il la soutient comme un père, l'encourage et, tel Pygmalion, sculpte de ses propres mains celle qui va devenir son œuvre.

> Je l'admirais beaucoup, se souvient Claudie avec toujours beaucoup d'émotion. J'étais fascinée par sa culture, sa finesse, son expérience aussi. Comme il était plus âgé que moi, il m'a enseigné la vie, m'a donné sa passion de l'art contemporain. Même s'il n'avait pas le temps car il était très occupé le week-end, il me conseillait d'aller voir une galerie ou un musée. C'est une habitude que j'ai gardée d'ailleurs, je vais souvent voir une exposition, seule, c'est un grand plaisir. Michel m'a beaucoup apporté, à commencer par cette sélection du CNES. Je ne sais pas si je serais allée jusqu'au bout sans lui. Il m'a encouragée, m'a aidée. Et comme il était très pris par son métier, qu'est-ce que je faisais quand il n'était pas là ? Je travaillais !

Michel est là aussi, à ses côtés, quand le père de Claudie tombe brusquement et gravement malade. Elle téléphone un soir, durant les vacances de Pâques, pour prendre des nouvelles de la famille. On lui annonce que son père est très fatigué, qu'il dort toute la journée, la cause étant sans doute un kyste. Mais le jeune médecin n'y croit pas une seconde et fait elle-même un diagnostic par téléphone : il faut l'emmener en urgence faire un scanner. Claudie ne s'est pas trompée : son père est atteint d'une tumeur cérébrale. Affolement, peur de la mort, douleur du parcours médical avec des traitements et des opérations que l'on tente sans y croire vraiment... regret de ne l'avoir pas vu plus souvent, de ne pas lui avoir consacré assez de temps. Le choc est terrible. Pour rattraper les heures perdues et tenter de sauver celui qu'elle adore, Claudie prend tout en charge, annule ses voyages, bouleverse son emploi du temps et le fait hospitaliser à Paris pour mieux s'en occuper. Sans lui avouer le mal dont il souffre pour qu'il ne sache pas qu'il est perdu, elle assiste, impuissante, à sa lente agonie et va le voir tous les jours... jusqu'au dernier. Le héros de la petite Loli part, serein, fier d'elle, de celle qui lui ressemble tant et qui a dépassé toutes ses espérances, mais... on ne rattrape jamais la tendresse perdue. Ce déchirement est toujours présent et très douloureux. Elle décide alors de remettre à plus tard l'enfant qu'elle aimerait avoir. Il faut faire des choix : il y a trop de gens à rencontrer, trop de problèmes à résoudre, trop de domaines à explorer pour laisser encore une grande place à l'amour. Comment pourrait-elle aujourd'hui s'occuper d'un enfant ? Elle est prise dans une spirale professionnelle qui lui laisse peu de temps pour les joies de la tétine et de la couche-culotte.

Et, quelques mois plus tard, elle se séparera de Michel avec qui il semble difficile de construire un avenir stable et durable. Autre épreuve, terrible à supporter, quand on doit écouter la voix de la raison, refuser les situations qui finissent en impasse, avoir le courage de partir pour mieux recommencer. Et faut-il la portée symbolique de la mort du père pour devenir réellement une femme, pour que l'on prenne en main son destin, seule, sans l'aide de personne ?

Sa vie est aujourd'hui tracée ; elle va voler un jour et doit se maintenir en forme, car chaque année il faut prouver aux médecins la bonne santé d'un corps toujours apte aux conditions spatiales. Elle s'entraîne aussi au centre de Brétigny-sur-Orge, en région parisienne, pour des vols paraboliques, à bord de la caravelle Zéro G. Afin que les cosmonautes retrouvent les sensations de l'impesanteur, l'avion effectue des mouvements de parabole jusqu'à neuf mille mètres d'altitude, puis, arrivé au sommet, se laisse tomber en chute libre, les moteurs au ralenti. Alors, durant vingt secondes, à l'intérieur, dans une grande pièce spécialement aménagée avec des parois capitonnées, tout le monde s'envole, les scientifiques testent leurs appareils scotchés au plafond, les rats font des cabrioles dans leur cage, les cosmonautes s'entraînent à se déplacer correctement. Un vol comprend une série de quarante paraboles qui s'enchaînent les unes après les autres. C'est très amusant mais ça finit par vous mettre le cœur à l'envers ! Même si cela ne se voit pas sur la photographie typique que nous montrent les journaux : tête en bas, bras déployés et sourire épanoui. Allez rendre visite à nos cosmonautes à la fin de la journée et vous verrez la tête qu'ils font !

> C'est, pourtant, une sensation très agréable et relaxante, s'étonne Claudie, même si cela en rend certains très malades. Mais quand vous le supportez bien, c'est fantastique de vous sentir comme un oiseau. Chaque fois, c'est un peu comme un rêve d'enfant qu'on réalise, on se prend pour Peter Pan ! Et puis c'est très important pour notre préparation. On en profite pour apprendre à se déplacer comme dans l'espace, à manipuler des appareils, à enfiler nos gros scaphandres et à se sentir à l'aise, car, dans la station orbitale ou dans la navette spatiale, l'environnement est beaucoup plus restreint et le moindre geste beaucoup plus compliqué. Il faut donc nous familiariser avec cet univers merveilleux mais déroutant. La première fois que vous faites un vol parabolique c'est très fascinant. Mon baptême à moi était en 1986 à Houston dans le KC 135. Je devais faire une expérience scientifique pour Berthoz. Notre moniteur avait un accent texan à couper au couteau et je ne comprenais pas la moitié de ce qu'il nous disait.

> Et quand on m'a donné trois médicaments contre le mal de l'espace, j'ai avalé les trois. Or cela comptait pour trois vols. Et comme finalement le premier d'entre eux a été annulé, je n'avais plus de comprimés pour les suivants. Je n'ai pas osé l'avouer et je suis partie deux fois de suite sans médicament et sans la moindre nausée. J'étais soulagée et ravie !

Claudie aime son travail plus que tout et ne s'en cache pas. Elle ira jusqu'au bout, coûte que coûte, avec un seul but : voler. Elle a attrapé le virus de l'espace et se sent aujourd'hui plus cosmonaute que chercheur. Pourtant l'ambiance n'est plus aux grandes envolées lyriques, on est revenu vers des réalités beaucoup plus terre à terre, l'accident de Challenger en 1986 aux États-Unis a considérablement perturbé le planning des vols. Quant aux Russes, ils donnent la priorité aux pilotes cosmonautes, ce qui laisse peu de perspectives à une scientifique. C'est d'ailleurs Michel Tognini et Jean-Pierre Haigneré qui partent à la Cité des Étoiles pour la mission Antarès prévue en août 1992. Se rapprocher au maximum du CNES et se rendre totalement disponible pour saisir la première opportunité, c'est la seule solution pour Claudie :

> Même si l'attente est longue et la préparation fastidieuse, quand vous donnez des années de vous-même, il n'est plus question de se décourager, d'abandonner, vous avez trop investi pour ça ! Et puis, tous ces jeunes qui m'écrivent depuis ma sélection, ont renforcé mes convictions : pour tous ceux qui n'ont pas eu ma chance, je dois aller jusqu'au bout, me battre pour voler ! Souvent on me demande si cette sélection du CNES m'a changée. Je crois que c'est surtout le regard des autres qui a évolué, comme souvent quand vous êtes sous les feux de la rampe. Du jour au lendemain, plus rien n'était comme avant, je devais être « à la hauteur ». Un détail amusant, je

fumais, très peu, mais une petite cigarette après le repas était un vrai plaisir. Dès ma sélection, les gens ne pouvaient plus admettre que moi, une future cosmonaute, j'ose griller une blonde après le déjeuner ! C'est un métier qui exige une grande maîtrise émotionnelle. Vous ne pouvez pas vous laisser aller sans cesse, vous apprenez à rester à votre place, à prendre du recul vis-à-vis de vos sentiments, parfois trop d'ailleurs. Alors vous vivez les choses dans le regard des autres, leurs rêves, leurs espoirs et c'est finalement très important.

Toutes ces années, c'est aussi pour Claudie l'apprentissage de la médecine spatiale, car les problèmes dans l'espace sont nombreux.

Le mal de l'espace

Première question : notre cœur supportera-t-il un tel voyage ? Oui, mais il faudra l'aider, le système cardio-vasculaire est complètement déboussolé par cette nouvelle vie. Les malheureux cosmonautes au visage gonflé et aux petites jambes de crevette sont là pour le prouver.

Selon la NASA, explique Antonio Guel, responsable du département des sciences de la vie au CNES, 35 pour cent des équipages sont dans un état de perte de connaissance partielle ou totale au retour sur terre. Les mécanismes impliqués semblent être voisins de ceux observés chez les malades présentant des troubles de la régulation de leur tension artérielle, d'ailleurs. Alors, on a concocté pour les cosmonautes un programme rigoureux pour que leurs corps gardent en « mémoire » leurs réflexes terriens : le Tchibis ou LBNP, cette paire de jambes de bonhomme Michelin qui leur permettra, quelques jours avant leur retour, de se réadapter à la pression sur terre, du sel dans les aliments pour provoquer des rétentions d'eau, des combinaisons spéciales, des médicaments et des exercices physiques durant tout le vol pour faire fonctionner la circulation sanguine et les muscles. Grâce à toutes ces mises au point, on peut aujourd'hui garantir la survie de l'homme dans l'espace durant douze mois et son reconditionnement à la pesanteur. Mais on ignore encore les effets à long terme puisque le record actuel, du médecin et cosmonaute Valeri Polyakov, est de quatre cent trente-sept jours. Après plusieurs séjours de six mois, comment fonctionnera le cœur ?

Autre question : l'équilibre. Il semble nous échapper quand nous avons le mal de mer ou le vertige, mais que se passe-t-il quand nous volons en impesanteur ? Les repères habituels du cerveau n'existent plus. Sur terre, les récepteurs sous notre peau lui envoient des messages : « Attention, pression sous les fesses : je m'assois ! Attention, un impact est signalé sous les pieds : je marche ! » etc. En impesanteur, comme l'explique Hubert Planel dans *L'Espace et la Vie* (éd. Larousse), le dialogue ne passe plus, les capteurs de la « proprioception » sont perdus, les muscles ne répondent plus. Tout comme l'appareil vestibulaire, cette merveilleuse petite machine à l'intérieur de notre oreille, constituée de trois canaux derrière le tympan : le limaçon avec sa drôle de forme arrondie comme un ver de terre, où siège l'audition, et, deux petits organes creux, l'utricule et la saccule, revêtus d'une couche de cellules surmontées de petits cils et de minuscules cristaux de carbonate de calcium, les otolithes. Quand nous sommes debout sur terre les cils se penchent et les otolithes tombent vers le bas, prévenant le cerveau qu'il y a de l'action dans l'air. Quand nous nous allongeons, les cils sont verticaux et les otolithes s'étalent d'aise à l'horizontal pour un petit repos bien mérité. Mais, dans l'espace, les otolithes ne pèsent plus rien et s'en balancent ! Elles ne renseignent plus le cerveau qui trouve – décidément – qu'il y a des pannes dans son circuit. Alors, on est malade comme un chien, même si la plupart des cosmonautes ne l'avouent pas, de peur qu'on ne les fasse plus voler par la suite, il suffit de constater l'état de la capsule à son retour pour s'en rendre compte... à vue de nez !

Dans tout ce remue-ménage des méninges, il reste tout de même la vision pour y voir plus clair ! Mais de ce côté-là non plus ce n'est guère brillant. On peut être atteint d'une myopie temporaire, bien connue des équipages de sous-marins, car à force de vivre dans un lieu étroit, confiné et monotone, l'œil perçoit moins bien les formes et les couleurs. Par contre on voit souvent mieux de loin, comme Gordon Cooper qui réussissait à suivre le trajet des voitures sur terre quand il était à quatre-vingts kilomètres d'altitude. Mais il semble que ce regard d'aigle ne soit dû qu'à la clarté parfaite qui règne au-dessus de l'atmosphère terrestre. Une chose est sûre : quand l'homme rentre de l'espace, ses yeux ont des difficultés à retrouver un juste regard sur les choses : sensation de flottement, maladresse à localiser les objets...

> Ils se réadaptent après quelques heures ou quelques jours selon les individus, comme l'a démontré notre expérience « Posture », nous rassure Gilles Léone, chercheur au laboratoire de physiologie neurosensorielle Berthoz. Mais comment ? Comment le cerveau reconnaît-il les objets, perçoit-il la « constance des objets » ? Dans l'espace, les hommes perdent parfois certaines notions, surtout quand ils changent d'endroit, s'ils passent du vaisseau Soyouz à la station Mir, par exemple, durant quelques instants, ils ne reconnaissent plus leur cadre et ils paniquent. Quels sont les rôles des hémisphères droit et gauche ?

On s'accorde à penser que le droit perçoit mieux les symétries et que le gauche traite la globalité des choses, mais il reste encore bien des mystères.

Et puis, si la vision redevient la même à la suite d'un séjour de courte durée, qu'en sera-t-il après des années dans l'espace ? Nos cosmonautes reviendront-ils avec des yeux de taupe ? A moins que l'espace ne soit, au contraire, un espoir pour l'homme et pour les non-voyants, comme le laisserait supposer l'expérience du médecin Valeri Polyakov, premier donc à avoir passé quatre cent trente-sept jours hors de la terre, du 8 janvier 1994 au 24 mars 1995, sur la station Mir. Agé de cinquante et un ans, il avait, au départ, un début de presbytie qui étonnamment s'est ralentie au cours de son séjour. Et son acuité visuelle de 15/10 est passée, durant le vol, à 16/10 pour un œil et 17/10 pour l'autre. Si cet exemple impressionnant ne permet aucune conclusion générale, nous laisse-t-il quelques perspectives séduisantes pour l'avenir ?

Si on dispose de peu d'éléments de comparaison, on a fait, en revanche, de nombreuses expériences sur des animaux, notamment à bord de Skylab, avec des poissons qui faisaient des loopings extravagants et semblaient avoir perdu la tête. Mais le plus étonnant fut peut-être l'aventure des araignées de Judith Miles. Cette étudiante américaine de dix-sept ans a proposé à la NASA d'étudier le comportement de ces dentellières qui utilisent la pesanteur comme un fil à plomb en se pendant à leur fil pour tisser une toile régulière. On embarqua donc, à bord de Skylab 2, Arabella et Anita, deux ravissantes créatures velues, qui semblèrent légèrement contrariées par ce programme. Durant deux-trois jours, elles s'emmêlèrent les fils, firent des nœuds et des trous, ce qui n'était pourtant pas dans les habitudes de ces deux professionnelles. Mais – victoire ! – elles finirent par reprendre du poil de la bête et exécutèrent durant toute la fin du séjour de superbes toiles, avec des fils encore plus fins et résistants que sur terre.

Pourtant, un séjour dans l'espace reste terrible car l'absence de pesanteur défie les lois logiques de notre corps. Il perturbe aussi notre squelette, élément indispensable à notre vie sur terre, qui nous assure notre maintien et nous permet de nous tenir droit face aux épreuves de l'existence. Quand nous ne sommes plus soumis à la pesanteur, les os se décalcifient et s'atrophient, particulièrement les os porteurs, ceux des membres inférieurs. De la même façon que notre jambe devient maigrichonne quand on a porté un plâtre après une chute de ski et qu'on ne la fait plus marcher depuis quelques semaines. Pour comprendre les conséquences de cet affaiblissement, on a maintenu de malheureux singes assis durant six mois. Leur squelette était devenu si faible qu'il fallut ensuite quarante mois pour qu'ils retrouvent leur force d'antan ! Dans l'espace, le phénomène est identique. Les vertèbres ne subissent plus aucune pression, la colonne vertébrale s'allonge et prend ses aises. C'est pour cette raison que les cosmonautes grandissent durant leur séjour, mais – n'ayons aucun faux espoir – ils retrouvent leur taille normale à l'arrivée. Inutile de partir sur la Lune pour devenir aussi grande qu'Inès de la Fressange !

Autre problème plus préoccupant : les os perdent leur calcium, et aucune étude ne permet pour le moment d'en expliquer les raisons précises. Alors, en attendant, on donne aux cosmonautes un régime très riche en calcium pour pallier le manque et on les astreint à deux heures de gymnastique quotidienne avec bicyclette ergonomique, tapis roulant et extenseurs pour contrecarrer les effets de l'impesanteur. Un rythme d'autant plus important à respecter que les défenses immunitaires sont plus faibles, le sang se renouvelle moins bien, d'où une série de petits bobos, otites, orgelets, etc. Si la médecine spatiale n'en est encore qu'à ses balbutiements et laisse planer bien des doutes, elle a déjà prouvé son efficacité et a permis de faire progresser notre médecine terrestre dans de nombreux secteurs.

> L'espace nous a montré que la vie est un miracle, une victoire sur la gravité, explique René Bost, directeur du MEDES. La gravité est comme un sixième sens, une donnée universelle : le bébé n'aura de cesse de se lever et de se muscler pour être capable de marcher et de rester debout, les racines des plantes descendent dans le sol, les troncs des arbres s'élèvent vers le ciel, et même les cellules s'orientent en fonction de la gravité. Mais, dans l'impesanteur, toutes ces règles sont faussées et la cellule est perturbée. Mon rêve serait d'envoyer dans l'espace des girafes et des éléphants pour étudier leurs réactions ! Trêve de plaisanterie, c'est grâce à la médecine spatiale que l'on a pris conscience de l'importance de la stimulation mécanique. Si l'os n'est pas sollicité, il finit par perdre son calcium, puis sa mémoire, et ne peut plus se reconstruire correctement. C'est le cas de paraplégiques ou des gens qui ont été alités trop longtemps par exemple. Quand on saura déterminer et situer le capteur de la gravité, on commencera à guérir de nombreuses maladies graves.

L'espace joue le rôle de locomotive et permet de poser des questions de plus en plus précises. Ainsi, il nous a permis de mieux comprendre le système opératif et le système conservatif qui nous font avancer. Le système opératif, c'est celui de l'adaptation. La première fois que l'on utilise un escalier mécanique, on est surpris, on a tendance à se projeter en arrière, puis on comprend comment ça fonctionne et on s'adapte. Le système conservatif, lui, concerne les réflexes inconscients, permanents, celui de marcher ou de manger par exemple. Dans l'espace, notre corps va utiliser le système opératif car il comprend qu'il y a une supercherie quelque part, qu'il doit réagir et s'accoutumer. Par contre, il va perdre son système conservatif. D'où l'intérêt de lui imposer des exercices et des règles de vie, pour lui laisser en « mémoire » ses réflexes de terrien. Et on y arrive plutôt bien puisque les premiers cosmonautes qui partaient pour trois mois mettaient quarante jours à s'en remettre, alors que, aujourd'hui ceux qui passent une année dans l'espace n'ont besoin que de cinq ou six jours pour se retrouver sur pied.

Cette faiblesse osseuse dans l'espace présente des similitudes avec l'ostéoporose qui fait souffrir particulièrement les femmes, provoquant un tassement des vertèbres et parfois la rupture du col du fémur.

> C'est un élément que la plupart ignore, précise le Dr Antonio Guel, responsable du département sciences de la vie au CNES, mais ce type d'accident coûte en France cinq milliards de francs par an ! Après la ménopause, ce mal touche deux femmes sur dix et, dès soixante ans, 20 pour cent des patientes en meurent tandis que 50 pour cent resteront handicapées. Il est donc très important pour nous de pouvoir soigner cette maladie. Alors qu'auparavant on prescrivait essentiellement des hormones et des œstrogènes, on a aujourd'hui élaboré des techniques de travail musculaire qui améliorent les traitements, on évite les flexions, on donne la priorité à l'extension des vertèbres, grâce à la marche, la course et la montée d'escaliers. Une simple heure de marche quotidienne pendant deux ans peut réduire la fréquence des fractures ostéoporotiques de moitié ! Mais nous découvrirons encore d'autres éléments car l'impesanteur est un formidable laboratoire de recherche en matière de pathologie osseuse.

D'autres applications des découvertes spatiales ont déjà vu le jour : le fameux Tchibis est maintenant utilisé pour aider les convalescents à se remettre sur pied plus rapidement après avoir été alités longtemps, et on envisage de l'employer pour soigner l'hypotension orthostatique des personnes qui souffrent de vertiges fréquents. Une pompe à insuline est utilisée maintenant depuis dix ans par les diabétiques, des travaux de la NASA ont permis d'améliorer les opérations du décollement de la rétine par laser et de mettre au point des lunettes de soleil spéciales pour les patients atteints de cataracte. Un système de monitoring identifie les bactéries en douze heures au lieu de quarante-huit afin d'appliquer certains traitements antibiotiques plus rapidement, et un appareil de radiologie portable est utilisé par les ambulances américaines pour réaliser des radiographies osseuses sur les sites mêmes des accidents et sauver de nombreuses vies.

Valoriser les débouchés qu'offre la médecine spatiale, c'est d'ailleurs l'une des vocations du MEDES, Groupe d'intérêt économique dont le principal actionnaire est le CNES. Créé en 1990 par René Bost, chercheur malicieux et enthousiaste, avec un regard pétillant et une coiffure à la Jeanne d'Arc, pour qui l'espace est plus qu'une passion : une philosophie de vie, le MEDES, à Toulouse, est responsable d'une grande clinique spatiale de vingt-six lits et mille mètres carrés, unique en son genre dans toute l'Europe, dotée du matériel le plus sophistiqué pour les essais de médicaments ou les manipulations les plus diverses. C'est là que peut se développer l'une des grandes tendances de la médecine de demain : la télémédecine, qui permettra de soigner les cosmonautes à distance quand ils seront trop loin de la Terre ou les Indiens perdus au fin fond de l'Amazonie. Progressivement, des postes de santé, isolés dans la jungle, vont être reliés les uns aux autres grâce aux satellites. Bientôt, le médecin qui doit faire face, tout seul, à une maladie qu'il connaît mal pourra contacter un spécialiste à l'autre bout du monde et opérer son malade grâce aux gestes que ce dernier lui transmettra par la réalité virtuelle. La médecine sera offerte à tous.

Mais en attendant ces jours meilleurs, Claudie continue d'explorer le monde du spatial et réalise un de ses plus chers souhaits : aller à la Cité des Étoiles !

1991 : Découverte de l'univers de Gagarine

Au cours de l'hiver 1991,un stage de six semaines à Moscou va la réunir à Jean-François Clervoy – qui volera en octobre 1994 avec les Américains pour l'Agence spatiale européenne – et Léopold Eyharts, sa future doublure en août 1996. Trois bons amis qui partent pour une simple formation, avec des interprètes français, sans examen, sans mission particulière, que peut-on rêver de mieux pour découvrir la Cité des Étoiles ?

Cette ville austère, tracée dans une forêt sombre et glacée, avec des petits immeubles gris le long de larges avenues désertes, n'a rien d'un centre de loisirs ! Mais nos trois compères sont si heureux, si fiers d'être là, dans la cité des grands, là où vécut Gagarine, le héros qui mourra bêtement à trente-quatre ans dans un accident d'avion, à cause de deux élèves aviateurs qui ont décollés trop tôt à sa suite, sans lui laisser le temps de changer sa trajectoire. Il aura volé au-dessus de notre monde jusqu'au dernier moment...

Quel choc pour nos jeunes et fringants compères

que de rencontrer les ingénieurs, médecins, entraîneurs, tous ces professionnels qui forment une vingtaine de cosmonautes en permanence à bord de maquettes du vaisseau Soyouz et de la station Mir. Quelle joie que de se retrouver dans ces salles gigantesques où trônent, en grandeur réelle, ces machines extraordinaires qui les ont tant fait rêver, ces énormes jouets interdits aux enfants, dans lesquels ils passeront des mois à apprendre et répéter, geste après geste, le B, A, BA du cosmonaute averti, comment manger, dormir, communiquer avec la Terre, contrôler la température ou l'eau, comment vivre dans cette étonnante « maison », dans ces cent mètres cubes habitables, comment la quitter rapidement en cas de problèmes graves, et s'installer en urgence dans le Soyouz pour rejoindre la Terre.

Mir – ou plutôt son double – est là, devant leurs yeux. Elle étale fièrement ses 13,13 mètres de longueur, elle qui tourne autour de la Terre depuis le 20 février 1986. Elle est scintillante, avec ses quatre modules, le KVANT 1 spécialisé dans l'astrophysique, doté de cinq télescopes qui scrutent l'infini, le KVANT 2 qui contient les instruments scientifiques, le matériel pour sortir hors de la station et se promener dans l'espace et... une salle de bains ! A une époque héroïque, on avait construit une belle douche, qui fonctionnait comme un sauna pour ne pas avoir à courir après les gouttes d'eau. Quelques minutes dans de la vapeur d'eau chaude devaient procurer une douce sensation – d'un chic absolu : un sauna avec la Terre en décor de fond, qui dit mieux ? – afin que les cosmonautes soient heureux et... propres ! C'était ignorer la sale réalité : cela consomme trop d'eau et coûte fort cher. Adieu sauna douillet, chant sous la douche et joyeuse ablution. Ils se lavent tout simplement avec des serviettes humides, ce qui est moins sexy mais beaucoup plus pratique.

> Cette belle douche a même été démontée récemment, précise Claudie. Maintenant, nous disposons d'un lavabo recouvert d'une bulle en plastique munie de trois trous. L'un pour passer le visage, les deux autres pour les mains. L'eau est déversée par brumisation. Les douches se prennent, en effet, avec des serviettes imbibées d'eau et de savon et, pour les cheveux, on utilise un shampooing sec. Ce n'est pas le grand luxe, bien sûr, mais pour un séjour de deux semaines, ce n'est pas pire que de dormir sous la tente ! Si j'avais dû partir pour six mois, peut-être que je réagirais différemment !

Vient ensuite le module KRISTALL, chargé de la technologie, là où l'on travaille pour la production de cristaux, les expériences techniques et scientifiques, où des appareils de télédétection permettent des prises de vue de la Terre. Et puis, enfin, le plus photographié et le plus médiatique, le bloc central, celui où les cosmonautes vivent, mangent, dorment. La reconstitution est quasi exacte : les parois couvertes de boutons et de lumières rouges ou vertes, le sol où se cachent d'autres équipements, les énormes tuyaux pour régénérer l'oxygène, le matériel de vérification médicale, le vélo que l'on sort d'une trappe, le tapis roulant, le gros sac contenant le Tchibis pour se plonger les jambes avant de rentrer, etc. Sur le côté, de petites cellules pour dormir. Bienvenue dans vos chambres : vous vous mettez debout, dos au mur, vous vous accrochez avec les bandes velcro, et bonne nuit les petits ! Dormir dans de telles conditions semble un cauchemar et ce n'est, en effet, pas de tout repos. Juste devant, la table pour les repas avec un aspirateur à miettes et une série de petits casiers d'où l'on sort des tubes de nourriture, des couverts de dînette, des bandes pour tenir son morceau de pâté sans qu'il s'envole, et le strict nécessaire pour de frugales agapes. Un peu plus loin, les « toilettes », minuscules, où trône une sorte d'entonnoir avec un tout petit trou et – exquise intention – un aspirateur miniature pour les femmes. La chasse d'eau a été remplacée par un jet d'air. On imagine que les premières séances aux wa-wa doivent être épiques ! Parvenir à cibler juste n'est pas une mince affaire. Mais, puisque nous abordons cette délicate question... ensuite, qu'en font-ils ? Les excréments vont directement dans des conteneurs qui seront successivement jetés dans l'espace pour être brûlés en retombant dans l'atmosphère, que les âmes sensibles se rassurent ! Plus étonnant, le sort des urines : elles passent dans des machines qui les régénèrent, leur font subir une hydrolyse, puis rejettent l'hydrogène pour le transformer... en oxygène ! Quant à l'humidité créée durant les séances de gymnastique quand le corps transpire, elle est recyclée en « eau de condensation » pour hydrater les aliments... Des systèmes dont les Russes sont très fiers, maîtres dans l'art d'utiliser les restes !

Nos spationautes français sont émerveillés. Logés au prophylactorium, une sorte de supra-hôtel-clinique où viennent se reposer les cosmonautes avant et après leur vol, ils partagent leur séjour entre des cours théoriques et quelques nouvelles expériences, comme les séances d'entraînement aux sorties extravéhiculaire qui se font en piscine. La sortie extravéhiculaire, c'est l'image merveilleuse de l'homme en scaphandre qui vole dans l'espace, plane au-dessus de notre belle planète, ses contrées et ses océans, relié par un simple cordon ombilical à la station, donc à la vie... C'est l'impression la plus forte, qui marque le plus les cosmonautes : la porte de la station qui s'ouvre et, brusquement, la lumière extraordinaire, blanche, intense, et cette vision du monde à vos pieds. La Terre qui, comme le disait Jim Lovell, est « la seule tache de couleur dans le noir d'encre, comme une oasis dans l'immensité de l'espace ». Mais une sensation aussi intense se mérite ! Car c'est la mission la plus éprouvante ; les Russes évitent d'ailleurs de la confier à des femmes, qui ne la supportent pas toujours très bien. Contrairement aux Américaines qui revêtent un matériel plus léger, elles doivent sortir avec un scaphandre qui pèse environ trois cents kilos et des gants énormes, et faire des efforts permanents pour se tenir aux parois ou aux éléments de la station afin de réaliser l'expérience ou la réparation demandée. Parcourant le tour de la Terre en quatre-vingt-dix minutes, on reste donc la moitié du temps dans le noir et le froid, parfois sans voir les autres cosmonautes, occupés à d'autres tâches. Angoisse... Mieux vaut avoir le moral !

La préparation à cette épreuve est déjà épuisante en elle-même, dans cette impressionnante piscine, appelée l' « hydrobassin », immense, ronde, de vingt-trois mètres de diamètre avec un fond qui peut s'abaisser de douze mètres. L'éclairage est si intense que, vu de l'extérieur, à travers les grandes vitres, les cinq millions de litres d'eau deviennent invisibles, créant un panorama magique. A l'intérieur, on y place des maquettes grandeur nature de telle ou telle partie de la station pour s'entraîner. Auparavant, on revêt une combinaison de régulation thermique, puis on monte sur une marche pour se glisser dans un gros scaphandre, bourré de plaques de plomb qui équilibrent la poussée d'Archimède dans l'eau et recréent une mobilité comparable à celle de l'impesanteur. Ainsi confortablement vêtus, on plonge dans l'eau soulevé par un treuil comme une grosse marionnette. Une fois dans l'eau on travaille, entouré de plongeurs chargés de vous faire bouger dans tous les sens, pour imiter les mouvements que l'on subit dans l'espace. On simule par exemple le sauvetage d'un cosmonaute évanoui qu'il faudrait ramener en urgence, on visse des boulons avec ses gros gants, on répète des séries de gestes. Cet entraînement demande un tel effort que certains perdent jusqu'à cinq kilos en trois heures !

> Notre séance n'a pas été très facile, reconnaît Claudie. Nous disposions d'un matériel plutôt vieux, je portais un scaphandre à sec trop grand avec une grosse bulle sur la tête, comme dans les bandes dessinées, et ce n'était pas très agréable. Mais la sensation est étonnante car, avec ces lumières très fortes et cette grosse écoutille qui imite parfaitement celle de la station, on a vraiment l'impression d'y être ! On est à l'intérieur du module, il fait très sombre, et, dès qu'on ouvre, on est ébloui par les spots, comme si on entrait dans un autre monde. C'est fascinant de se dire qu'on est en train de faire les mêmes gestes que ceux qui ont connu cette extraordinaire expérience. C'était d'autant plus intéressant pour moi que je n'ai pas de sortie extravéhiculaire dans mon programme. D'où le plaisir de cette sensation. Celui aussi d'avoir découvert la plongée sous-marine. C'était mon baptême, un baptême un peu particulier, mais depuis j'aime beaucoup plonger avec bouteille.

Après ces expériences émoustillantes et ce séjour à la Cité des Étoiles, c'est surtout la mission Antarès qui va lui donner des ailes et lui permettre d'être sélectionnée, un peu plus tard, pour une mission spatiale. On cherche un responsable scientifique pour préparer ce séjour à bord de la station Mir. En toute logique, on s'adresse à Claudie, devenue très pointue en la matière et enthousiasmée par ce nouveau challenge. D'autant plus important que, on l'a dit, c'est la première contribution financière du CNES qui va verser 73,2 millions de francs. A charge pour Claudie d'élaborer un programme performant et de ne pas dépenser inutilement l'argent des contribuables français. Ce sera aussi l'occasion de participer à l'entraînement de Michel Tognini et de sa « doublure », Jean-Pierre Haigneré, à la Cité des Étoiles, avec toute l'équipe de scientifiques. Elle formera ces deux pilotes d'essai à un travail tout à fait nouveau : les expériences de physiologie. Pour réaliser sur soi-même une échographie cardiaque ou un examen doppler des vaisseaux, il faut une certaine expérience et une maîtrise de l'anatomie que seuls des gestes maintes fois répétés peuvent apporter. Claudie sera là, jour après jour, jusqu'aux dernières heures, les moments les plus intenses, ceux du départ.

Environ dix jours avant le jour J, l'équipe part en avion pour Baïkonour, à l'hôtel Cosmonaute, pour suivre leur dernier entraînement, tabouret tournant, table basculante, séances de massage, sport et révisions finales. Pour commencer à adapter leurs organismes, ils dorment dans des lits inclinés de 10°, les jambes surélevées. Enfin, pour éviter les infections et les virus qui traînent, ils n'approchent que les médecins et les instructeurs, s'envoyant mille baisers avec leur famille et leurs amis derrière une vitre. C'est une mise en quarantaine, une retraite morale, physique et technique, toujours très solennelle, suivant des règles strictes. A contrario des Américains qui laissent chacun aller à son rythme, afin de se concentrer au mieux. Ils autorisent même un membre de la famille ou un ami à venir accompagner cette quarantaine, s'il y a eu visite médicale auparavant, et chacun sait que certains astronautes « font le mur » pour rejoindre leur fiancée mais, chut ! Une atmosphère

« cool » inimaginable ici ! Le héros doit être tout à sa mission, sans perturbations extérieures, dans ce lieu clos et protégé de tout. De la même façon, ils y repasseront quelques jours à leur retour pour se réadapter à la gravité et « redevenir » des terriens : marche, natation, étirements, musculation, etc.

Le grand jour, il faut rejoindre la base de lancement de Baïkonour, seule à envoyer des hommes dans l'espace, perdue dans son désert. Pourquoi si loin ? Au temps de la guerre froide, les Soviétiques aimaient bien brouiller les pistes et allonger... les cartes. Une fois arrivé, on assiste à une cérémonie protocolaire, traditionnelle et émouvante, qui se répète d'année en année : la concentration des dernières heures, l'enfilage du scaphandre dans un silence respectueux, l'émotion des paroles quand on quitte les officiels en grand uniforme, la famille, les femmes et les enfants aux yeux mouillés de peur, puis le trajet en autocar jusqu'au pied du pas de tir, le dernier petit besoin sur la roue avant droite, l'instructeur qui répète une dernière fois « c'est comme au simulateur, tu l'as fait trente, quarante, cinquante fois ». Oui, on sait mais on a la gorge un peu serrée... Enfin, le salut à la Terre. L'ultime sourire. L'équipage monte dans l'ascenseur qui le conduit au vaisseau Soyouz tout en haut de la gigantesque fusée. Et la porte se referme.

> C'était la première fois que j'assistais à un tir, se souvient Claudie. C'est très impressionnant. On est tout près, à sept cents mètres environ, on sent la Terre vibrer, on voit une lumière éblouissante et on ressent très fortement la puissance de ces moteurs qui ont du mal à faire décoller cette énorme fusée. Il m'a semblé qu'elle restait très longtemps immobile quand, tout d'un coup, tout est allé très vite. Elle s'arrache du sol, on a le cœur qui se décroche et on essaie d'imaginer ce qu'ils ressentent tout là-haut. Le bruit, les vibra-

tions, les accélérations ultrarapides, puis, brutalement, l'apesanteur et le silence... A ce moment-là, je me suis vraiment imaginée avec eux. Je voulais, plus que jamais, monter un jour, moi aussi, sur cette passerelle pour vivre cette incroyable aventure. Plus tard, j'assisterai à un deuxième décollage, celui de Jean-Pierre Haigneré, dont je serai la doublure. Cette fois-ci, ce sera très différent. Connaissant parfaitement la « machine », je n'ai été rassurée qu'après la séparation du troisième étage de la fusée porteuse. Quand le savoir remplace l'émerveillement, quand la raison prend le pas sur la spontanéité, on prend réellement la mesure du rêve qui se réalise, on savoure différemment ce bonheur longuement préparé, la sensation n'est pas la même. Et quand il s'agira de mon départ, ce sera sans doute encore très différent. Je ne sais pas si je serai « tranquille ». Quand la fusée décolle avec tant de fureur, il y a sûrement des choses qu'on ne contrôle pas aussi bien qu'on le dit.

Patience... Claudie peut reprendre espoir pour le grand départ puisqu'un protocole franco-russe est signé pour deux nouvelles missions, en 1993 et 1996, et une option pour deux autres vols en 1997 et 2000. Jean-Pierre Haigneré étant désigné pour la première, reste à lui trouver une doublure. Claudie a toutes ses chances : elle est cosmonaute depuis 1985 et connaît parfaitement le programme expérimental, or le temps manque pour former quelqu'un car l'entraînement sera court. Bien sûr, elle n'est ni pilote, ni militaire, mais les mœurs du spatial ont bien changé ! La Russie de 1992 n'est plus l'Union soviétique, et les premiers civils sont apparus dans un monde réservé jusque-là aux militaires. Un journaliste japonais, un ingénieur autrichien et une biochimiste anglaise ont déjà rejoint la station Mir, laissant bon espoir à notre Française qui se jette sur la méthode Assimil pour « apprendre le russe facilement ». En octobre 1993, elle part à Moscou pour la sélection médicale, en concurrence avec Michel Viso, vétérinaire, et Léopold Eyharts, pilote de chasse et d'essai. Quelques jours après leur retour à Paris, elle apprend la grande nouvelle : l'équipage de la mission Altaïr est désigné : Jean-Pierre Haigneré est cosmonaute titulaire et Claudie André-Deshays, doublure. Victoire ! Altaïr, du nom de l'étoile la plus brillante de la constellation de l'Aigle, lui offre les cieux, car la tradition veut, au CNES, que la doublure prenne le départ suivant. Il est déjà décidé, ce sera la mission Cassiopée en 1996. Ça y est, elle le sait maintenant, elle va monter sur la haute passerelle, bientôt. L'infini lui appartient !

1992 : La Cité des Étoiles

A peine le temps de crier sa joie, il faut se mettre au travail. L'entraînement est très court, lui a-t-on répété. Si les autres cosmonautes français ont eu une ou deux années de préparation, il ne lui reste, à elle, que huit mois... à peine le temps d'y penser ! Entre deux cours de russe pris à la hâte, Claudie dispose de quinze jours pour déménager et partir pour la Cité des Étoiles ! Lieu mythique pour tous les cosmonautes, qu'elle connaît déjà pour y être allée à plusieurs reprises. Mais, cette fois-ci, elle y vient en tant que doublure... rien à voir. Elle arrive à Moscou, le 2 novembre 1992, le cœur un peu serré.

> J'étais à la fois complètement hallucinée par ce qui m'arrivait, mais aussi un peu inquiète, avouons-le. Mon parcours professionnel avait été finalement assez banal jusqu'ici, en tant que médecin et chercheuse. Et là, tout d'un coup, ce dont j'avais rêvé depuis tant d'années, ce pour quoi tant de gens

m'avaient soutenue, était devant moi. Cette fois-ci, il me fallait être digne d'une telle confiance, je devais réussir ma mission et j'avais donc quelques appréhensions. Surtout que, contrairement aux autres cosmonautes, qui arrivaient en parlant déjà russe, je n'avais que quelques mois pour apprendre un nouveau métier et une langue réputée difficile. L'apprentissage du russe était ce qui m'effrayait le plus.

Elle retrouve l'aéroport de Tcheremetievo, désertique, sombre et glauque, les heures d'attente devant le douanier qui vous scrute des pieds à la tête dans sa boîte en verre, la routine quoi ! Puis l'autocar et les quarante kilomètres qui mènent vers ce site hors du monde, la sombre forêt qu'il faut traverser, les petites maisons de poupée peintes de rouge, de gris et de vert, séparées par de jolies barrières en bois sculpté. Longeant les magnifiques sapins qui bordent la route, des soldats, des femmes en manteau de fourrure marchent, la chapka enfoncée jusqu'aux oreilles et le pas rapide pour avoir moins froid. Enfin, on arrive à... Zvezsdnyy Gorodok, la « ville étoilée » ! Cette incroyable cité de cinq mille cinq cents habitants, qui s'étend sur trois cent dix hectares, avec son centre commercial, son cinéma, sa poste, son école et sa discothèque, ses immenses avenues désertes et ses immeubles gris perdus au milieu des arbres, où vivent les cosmonautes. Et ses alignements de garages qui étonnent toujours les petits nouveaux. Non, ce n'est pas parce qu'ils possèdent de nombreuses voitures, mais c'est l'endroit réservé aux hommes. Leur petit jardin secret, leur territoire modeste où ils se réfugient le dimanche, bricolent, boivent des vodkas avec les copains sur un bout de table et oublient un peu les remontrances de la mamoushka et les cris des enfants !

La ville étoilée porte mal son nom : rien n'y brille et n'y ressemble à un conte de fées. Elle n'a pas été construite pour faire un effet grandiose, mais pour donner des résultats grandioses, nuance ! Dans ses murs, dont les peintures se craquellent, se côtoient en toute simplicité les plus grands comme Leonov, le premier « piéton de l'espace » à avoir volé librement dans l'espace, Valentina Tereshkova, première femme cosmonaute, et tous ceux qui travaillent dans l'ombre, les instructeurs, ingénieurs, techniciens, psychologues, médecins et employés administratifs. Étrange citadelle, figée par le temps, où rien ne bouge, où tout reste inexorablement identique d'année en année et où, pourtant, se prépare l'avenir, où se pense le futur.

Construit en 1960, un an avant le vol de Youri Gagarine, le Centre de préparation des cosmonautes, le CPK, porte le nom du héros, même si tout le monde l'appelle la Cité des Étoiles. Le souvenir du glorieux Soviétique, celui que tout le monde vénère, est présent dans chaque pierre, derrière chaque arbre, sur chaque mur. On l'admire en photo, on lit des citations sur son courage, on admire ses diplômes, on le découvre en médaillon et on croise chaque jour sa gigantesque statue, toujours entourée de fleurs, devenue le symbole de la ville. Une sculpture de bronze de deux mètres cinquante de hauteur, représentant ce bel homme, petit mais mince, athlétique, joyeux et charmeur, dans un style académique, avec un visage épais, sans forme ni âge, à la mine morose et l'attitude figée. C'est à ses pieds que s'organisent les cérémonies rituelles du retour des voyageurs de l'espace qui viennent rendre hommage à leur père et lui déposent un bouquet. Étonnant emblème dans ce lieu qui ne cache pas ses contradictions, où l'architecture, le paysage, la vie, sont d'une désespérante banalité et où les rêves sont les plus merveilleux....

Claudie passe le contrôle militaire, puis le premier barrage avant d'entrer en seconde zone grâce à son laissez-passer, cette petite chose à ne jamais perdre, poétiquement nommée le propusc. Dès l'arrivée, on sent que rien n'est plus comme avant. Jusqu'ici très sévèrement contrôlé, l'accès à la Cité des Étoiles est aujourd'hui autorisé à des stagiaires du monde entier et à des écoliers qui viennent y passer des « sorties de classe » ! Des agences de tourisme l'ont même intégré dans leurs parcours pour que leurs clients viennent verser une larme dans le bureau de Gagarine, où tout a été conservé, son uniforme, la vieille radio, la grande carte de l'Europe sur le mur, ses ouvrages de travail bien rangés derrière une vitre et un beau livre d'or que signent religieusement les cosmonautes avant de s'envoler sur les traces du héros. On vient nombreux aussi visiter le musée et ses vitrines poussiéreuses mais émouvantes où trônent un horrible service à thé orange illustré du visage des dieux de l'espace, les rasoirs et les lunettes des premiers conquérants, des photos de Gagarine dans le monde entier, serrant la main de Castro ou salué par la reine d'Angleterre, un défilé de portraits de militaires aux larges poitrines recouvertes de médailles, les premières combinaisons, qui font penser à celles des pompistes car beaucoup moins élaborées que celles d'aujourd'hui. On y voit aussi la boîte de conserve « Comtesse du Barry » avec son « Cargaillou au jambon de cochon » qui fut sans doute la seule orgie que se soient offerte des cosmonautes en compagnie de Jean-Loup Chrétien, la capsule après son retour, noircie et abîmée par un tel voyage... souvenirs dérisoires et merveilleux de la plus grande aventure humaine, avec toute cette nostalgie si propre à l'âme slave.

Toute la Cité des Étoiles est imprégnée de cette

atmosphère, déférente, silencieuse et rude. La neige persiste souvent de novembre à mai, et la température descend parfois à – 35°. La première impression manque généralement d'enthousiasme. Elle était même glaçante pour Jean-Pierre Haigneré, arrivé un an et demi plus tôt, en janvier 91, en pleine perestroïka, dans le pays de Gorbatchev miné par une inflation galopante et une misère qui commence à faire des ravages. La guerre d'Afghanistan se termine, les blessés reviennent, traumatisés, torturés. Chaque famille compte ses enfants estropiés et la nation porte cette croix comme les États-Unis celle du Viêt Nam. La période est plutôt chaude, c'est l'époque des manifestations, celle du putsch et de Gorbatchev pris en otage dans sa maison au bord de la mer Noire. Pour un pilote de chasse comme Jean-Pierre Haigneré, c'est un choc :

> Quand je suis arrivé à Moscou, il était 5 h 30 et c'était la nuit. Djanibekov, le cosmonaute russe ayant effectué le plus grand nombre de vols, est venu nous chercher, en grand uniforme, dans cet aéroport immense. Il faisait très sombre et on respirait des odeurs bizarres. Il nous a emmenés dans le fameux car des cosmonautes, celui qui vit partir Gagarine, complètement désuet, avec une odeur effroyable d'oxyde de carbone, l'impression était irréelle ! L'ambiance politique était épouvantable à l'époque. Il y avait eu une manifestation d'anciens d'Afghanistan qui a bêtement mal tourné, et un char a tué plusieurs personnes, créant une émotion très forte. Les gens étaient très nerveux, mais tout se passait à Moscou. Quand on traversait la campagne, on était étonné de l'atmosphère calme qui régnait, loin des affres de la politique... Je me souviens d'ailleurs être allé à Moscou le premier jour du putsch, il y avait des chars et des canons tout le long de la route, et le lendemain, plus rien, tout était redevenu comme avant ! Mais moi qui m'étais entraîné pendant dix-huit ans à

combattre des MIG, je me retrouvais au milieu des ennemis d'hier, en comprenant parfaitement leur drame. J'assistai à la fin d'un empire, on avait arraché les étoiles rouges un peu partout, les officiers étaient devenus si mal payés qu'ils ne pouvaient même plus avoir de voiture, les soldats vendaient leur ceinture pour quelques roubles sur la Place rouge, les avions étaient bradés à huit cent mille francs. Je me souviendrai toujours de cette visite à l'usine de NPO ENERGIA, le constructeur – ô combien majestueux – des Soyouz dans lesquels sont partis Gagarine et les autres demi-dieux. La société s'était « adaptée » au nouveau marché et vendait aussi, dans un coin, des prothèses et des Cocotte-Minute. C'était très étrange à côté des pièces qui composent des vaisseaux Soyouz ou des cargos Progress. On avait le sentiment d'arriver dans une grande famille qui dilapide ses biens pour survivre.

Les Russes vivent ce drame avec le fatalisme des peuples de l'Est, sans se plaindre, en buvant un peu plus de vodka que d'habitude et en trinquant plus souvent avec les amis. La vodka est un élément capital pour les comprendre. Jean-Loup Chrétien – un Breton qui a pourtant le sens de la fête – racontait que, après une cérémonie déjà très arrosée, ils étaient repartis en car pour s'apercevoir – l'horreur – qu'il ne restait plus rien à boire. « Pas de problème, a répondu le médecin des cosmonautes. La vodka titre 45°. En prenant la bouteille d'alcool à 90° de la trousse de secours et en y ajoutant la même quantité d'eau, on doit obtenir le même résultat ! »

Et tout ce petit monde est reparti gaillardement en trinquant de plus belle. L'amitié aussi, très forte chez les Russes, les aide à supporter les bassesses du quotidien. Un quotidien qui passe, monotone, sous un ciel anthracite, comme une ardoise de bistrot.

> Quand on arrive dans ce pays, c'est un véritable choc culturel, explique Jean-Pierre Haigneré. On ne peut pas rester insensible, ils sont si proches et en même temps si différents de nous ! J'ai appris le russe dans des conditions assez fabuleuses, lors d'un stage intensif de trois mois à Meudon chez des jésuites qui étaient tous des fils de Russes blancs. Mon professeur, de soixante-dix ans, parlait dix langues et avait une culture fantastique. Et il nous disait : « En France, on entend toujours " je suis fatigué ". En Russie, c'est plutôt " je m'ennuie ". » A cette observation, j'ajouterai une phrase que l'on prononce souvent ici : « Ce sera pire demain. » Preuve que nous ne partageons pas vraiment la même notion de l'espoir !

Mais qu'espérer de cette Russie d'aujourd'hui ? Une nouvelle forme de capitalisme, ce système dont on leur a décrit des horreurs pendant des années et dont ils ont tout de suite subi les effets pervers ? Business et shopping sont devenus des mots de tous les jours, mais pauvreté, inégalité, corruption et violence se vivent en silence... Malgré tout, la Cité des Étoiles continue de vivre, imperturbable, fermée sur elle-même, presque recueillie au milieu de tous ces changements de société. Ici, on ne parle pas de politique, ou si peu... Ici, on n'a pas d'état d'âme, on fait son devoir, jusqu'au bout, on tente de rester le héros d'une société qui trébuche. Pourtant, on perçoit aussi les premiers signes de la décadence. Le monde du spatial a besoin d'argent et se lance dans ce capitalisme nouveau, avec des gestes pathétiques, comme cette grande publicité pour une marque de montre affichée en grosses lettres sur la fusée de Michel Tognini. Baïkonour, cette base de lancement perdue dans le désert, avec sa petite estrade pour les invités et son haut-parleur qui crache une musique nasillarde, s'est brusquement remplie de réclames dans le ton des années 50.

> Aujourd'hui, cela fait presque sourire, confirme Claudie. En quelques années, que de temps rattrapé ! Quand on sait que récemment on a diffusé des images de cosmonautes russes buvant le nouveau Pepsi-Cola en boîte bleue dans la station Mir... Coca-Cola, de son côté, installe un distributeur de boisson gazeuse dans la prochaine navette spatiale américaine, la guerre des marques dans l'espace a commencé !

Ce sont les Japonais qui, les premiers, ont apporté la publicité avec des slogans qui couvraient le corps du lanceur Sémiorka-Soyouz pour le vol du 2 décembre 1990. On n'avait jamais vu ça ! D'ailleurs, quelques semaines plus tôt, on avait ouvert la porte des usines spatiales aux étrangers, tout un symbole. C'était le début d'une ère nouvelle. Faire voler des étrangers avait toujours été une décision importante et politique, le Français Jean-Loup Chrétien, un Vietnamien, un Bulgare, un Cubain et un Polonais étaient partis dans l'espace pour coopérer ensemble à un grand projet. Pour la beauté du geste, aussi. Mais aujourd'hui, c'est plutôt pour le p'tit coup d'pouce financier qu'on les emmène sur la station Mir. Le symbole est moins sympathique. L'ouverture vers l'extérieur est telle que, en cette année 1991, on entraîne huit Occidentaux, français, anglais, autrichiens et allemands. On emmène même dans le vaisseau de Gagarine un journaliste japonais qui a d'ailleurs été malade la plupart du temps et s'est offert une belle panique à la descente ! De quoi faire ricaner tous ces grands gaillards ! Sans méchanceté : les Russes sont disciplinés et plutôt accueillants. Surtout avec les Français !

> Nous avons été reçus les bras ouverts, se souvient Jean-Pierre Haigneré. Pour de multiples raisons, pour eux nous sommes le peuple de la Révolution

dont ils connaissent mieux l'histoire que nous et qu'ils idéalisent de façon quasi passionnelle, avec des réactions étonnantes ; ils débarquent chez vous, les bras chargés de fleurs, le jour de l'anniversaire de la Commune ou le 14 juillet par exemple ! Nous sommes aussi ceux qui les ont aidés contre les nazis, puis qui ont repris contact les premiers après la chute du mur de Berlin, un geste important pour les Russes dans cette période difficile. De toute façon, il y a toujours eu une amitié culturelle très forte entre nos deux pays et une coopération scientifique très importante dès les années 70. Et je pense qu'il est essentiel de continuer cet échange pour notre avenir. On a donc été accueillis comme des frères, et même comme des frères d'armes puisque les quatre, Chrétien, Baudry, Tognini et moi, étions aussi des militaires. Les Russes sont des gens merveilleux, très ouverts, joyeux, cultivés et, pour tout avouer, nous aimons aussi les mêmes choses, nous n'apportions pas, comme certains, nos boîtes de conserves, nous on faisait la fête avec eux, et à la vodka, sacrebleu ! En portant des toasts inlassablement à l'amitié entre nos deux peuples.

L'« association » spatiale franco-russe ne date en effet pas d'hier. En 1966, les deux gouvernements signent un accord à Moscou de coopération scientifique « pour l'exploitation de l'espace à des fins pacifiques ». Une collaboration qui pouvait sembler étrange en pleine période de guerre froide. Entre les deux géants soviétiques et américains, la position de la France était délicate. Avec la fusée Diamant, nous venions tout juste de mettre en orbite notre premier satellite, au nom symbolique, Astérix, petit mais malin ! Après l'exploit de Gagarine en 1961, nous n'avions qu'un seul rêve : envoyer nous aussi des Français dans l'espace, seule façon d'affirmer notre puissance. Il nous fallait donc coopérer avec un des géants. Pour les Soviétiques, le général de Gaulle, président de la République française, avait valeur de sésame, qui fut d'ailleurs le premier chef d'État étranger invité à visiter Baïkonour en 1966. Ils aiment les grands hommes capables d'écrire l'Histoire. D'où ces accords de juin 1966 et une collaboration fructueuse sous le signe de l'amitié qui offrit à la France ce beau vol de Jean-Loup Chrétien en 1982, premier fils de Marianne à partir au pays des étoiles. La collaboration du CNES et d'INTERCOSMOS démarra l'année suivante alors que les échanges avec la NASA se feront irrégulièrement, au coup par coup. Depuis février 1992, c'est avec la nouvelle agence russe, RKA, que le CNES travaille dans des domaines encore plus larges, comme la télédétection et l'observation de la Terre.

Quant à l'aide des Français contre les Allemands durant la dernière guerre, elle est devenue un geste sacré, chanté par les poètes, clamé par les écrivains... Tous les Russes se souviennent de ces pilotes aux noms d'aristocrates que personne n'aurait pu soupçonner d'amitié communiste, venus se battre, ici, à leurs côtés, et mourir, pour repousser l'ennemi commun. Tout le monde connaît le nom de leur groupe de chasse, le Normandie-Niémen ou le « Neu-Neu », qui résonne aujourd'hui comme un symbole. Les officiers de Saint-Phalle, de Geoffre, de Saint-Marceaux ou de La Poype ont reçu le titre de Héros de l'Union soviétique et ont laissé un souvenir immortel.

C'est avec cette chaleur et cette gentillesse que l'on installe Claudie au Prophylactorium, en attendant que son appartement soit prêt. Les Soviétiques ont l'hospitalité joyeuse et une grande faiblesse pour les femmes. Ils les adorent, lancent des petites blagues, se précipitent pour des gestes de galanterie et coulent des yeux tendres. De quoi faire craquer notre belle

Claudie qui va être logée dans le même immeuble qu'Alexis Leonov, grand héros devant l'éternel puisqu'il fut le premier à faire une sortie extra-véhiculaire le 18 mars 1965, premier scaphandrier de l'espace à voler librement au-dessus de la Terre en osant quitter le vaisseau spatial pour se lancer dans le vide et affronter la plus belle vision du monde. Exploit d'autant plus audacieux qu'il faillit être dramatique : en voulant rentrer, il s'est retrouvé coincé dans le sas, les jambes à l'intérieur et le reste du corps dans l'infini. L'horreur... Son scaphandre s'était gonflé pendant sa sortie. Il eut la présence d'esprit de le dégonfler en décidant de perdre un peu de son oxygène pourtant si précieux et réussit à rentrer à bon port. Le 15 juillet 1975, c'est aussi lui qui serrera la main de Thomas Stafford lors de la jonction Apollo-Soyouz, première rencontre russo-américaine dans l'espace. Un moment hautement symbolique, que les journalistes ne sont pas prêts d'oublier : quand ils lui demandèrent ses impressions à son retour, il répondit d'un air enchanté : *It was very sexful*. Fous rires dans la salle. Ne parlant pas très bien l'anglais, il avait voulu dire : *It was very successful*, « of course ! » Figure mythique, Alexis Leonov est un personnage très important de la Cité des Étoiles, directeur de l'entraînement, mais aussi peintre talentueux, fier d'avoir été exposé dans les meilleures galeries moscovites... bien avant ses exploits spatiaux, aime-t-il préciser ! Drôle et brillant, il fait des films amateurs qui sont le « clou » des réveillons de fin d'année à la Cité. Il est enchanté de cette nouvelle et charmante voisine française qu'il a baptisée « ma biche aux yeux de cassis ». On vous l'avait dit, c'est un poète.

C'est certainement celui qui m'a le plus impressionnée, reconnaît Claudie avec tendresse. Non seule-

> ment c'est un héros pour nous tous, mais il est en plus incroyablement gentil et humble. Il vient voir tout le monde, vous serre la main avec chaleur, vous demande si vous n'avez besoin de rien. C'est le vieux monsieur, rond, jovial et charmant, qui vous prend dans ses bras protecteurs pour vous encourager. On l'a d'ailleurs surnommé le « grand-père de l'espace ». Je le rencontrais sans cesse, mon panier de courses à la main, dans l'ascenseur, quand ce n'était pas Mme Gagarine sortant de sa voiture. Comment voulez-vous vous sentir seule, avec une telle amitié ?

Elle a surtout la chance d'habiter, dans le Dom 2 (traduisez maison, immeuble) à côté du Dom 4 où loge Jean-Pierre Haigneré qui parle russe couramment et connaît bien la Cité des Étoiles. Ce colonel de l'armée de l'air a une qualification aéronautique étonnante, avec près de quatre mille cinq cents heures de vol, mêlant les licences de pilote de ligne, pilote d'essai, pilote de montagne, pilote d'hélicoptère et pilote d'hydravion, rien que ça ! En sortant de l'École de l'air de Salon-de-Provence, on le remarque pour ses qualités et sa témérité, un savant mélange de raison et de folie, indispensable pour un militaire appelé à prendre des risques. Pour foncer, ailes baissées, au-devant de l'ennemi, il faut être discipliné, sage mais aussi un peu inconscient, prêt à tout ! La marge d'erreur est extrêmement délicate et c'est elle qui sélectionne les meilleurs. Jean-Pierre est donc envoyé dans la fameuse école anglaise de Boscombe-Down, où se retrouve l'élite, le fin du fin. Ils sont neuf élèves de huit nationalités différentes, à travailler comme des fous, souvent jusqu'à 2 heures ou 4 heures du matin, pour se montrer digne de l'honneur qui leur est fait. Il sort deuxième au classement et part à Brétigny comme chef pilote. C'est en 1984 que Patrick Baudry lui demande s'il veut faire partie de la sélection du CNES pour des cosmonautes :

Le spatial m'intéressait, mais de loin, se souvient-il, car techniquement c'est beaucoup moins excitant, vous n'êtes pas maître à bord. Piloter un avion c'est comme dompter un fauve, il faut le « sentir », exiger de lui le meilleur pour dépasser les concurrents, surtout que, à l'époque, l'informatique n'avait pas encore envahi l'aéronautique, il y avait une véritable confrontation entre l'homme et la machine, passionnante car il fallait faire appel à ses qualités manuelles et intellectuelles. A Brétigny, j'ai vraiment eu la chance de vivre des expériences extraordinaires, mais quand Patrick est venu me voir, c'était le début du programme Hermès qui, bien sûr, nous faisait tous rêver. C'était le départ pour une grande aventure que je ne pouvais pas refuser. Par la suite, vous apprenez à découvrir le métier, vous vous prenez au jeu et cela devient une obsession : aller dans l'espace. Mais, sélectionné comme Claudie en 1985, je ne suis parti à la Cité des Étoiles qu'en 1991. Pendant six ans, j'ai rongé mon frein. Être cosmonaute et n'être jamais parti, c'est un peu paradoxal. Surtout quand vous n'arrêtez pas de rencontrer des gens qui vous disent : « Ah, vous êtes cosmonaute, vous êtes allé combien de fois sur la Lune ?... »

Responsable de la mise au point d'une des versions du Mirage 2000, Jean-Pierre a créé le programme des vols paraboliques sur caravelle OG et participé à la mise en place de la section « Espace, bureau de prospection et étude » de l'état-major de l'armée de l'air, devenue aujourd'hui l'une des plus importantes d'Europe. Elle est chargée, notamment, d'appliquer les techniques spatiales aux instruments de tactique militaire, comme le système Hélios, par exemple. Quand, enfin, en juillet 90, il apprend qu'il est sélectionné pour l'un des quatre vols programmés par le CNES.

On est parti avec Michel Tognini dont j'étais la doublure, raconte Jean-Pierre. Nous étions très amis et cela s'est formidablement bien passé, mais c'est très dur d'être le pilote numéro deux de quelqu'un qui est plus jeune que vous. Même si, comme tous les pilotes militaires, j'ai appris à dominer mes émotions, quand Michel est parti, quand j'ai vu la fusée s'élever dans le ciel, j'ai éclaté en sanglots. Je l'ai vécu comme un avortement, comme une naissance ratée. L'entourage ne vous encourage pas d'ailleurs : les gens ne vous regardent même plus, vous parlent à peine. Après un an d'entraînement, d'efforts et de travail, vous n'existez plus. C'est une véritable école de l'humilité ! Alors, en novembre 1992, j'étais vraiment heureux : enfin, mon rêve allait se concrétiser. Cette fois-ci, c'est moi qui allais partir !...

L'apprentissage de la douleur

Jouant son rôle de « chevalier du ciel », il se donne pour mission d'aider la petite nouvelle, comme l'avait fait Michel Tognini l'année précédente pour lui. Il lui explique le fonctionnement de la Cité et résout tous ses problèmes d'emménagement, d'intendance et autres détails pratiques qui peuvent vous faire perdre des journées entières ! Jean-Pierre l'aide aussi pour l'apprentissage du russe et, surtout, il lui prête ses cours, rédigés proprement, ce qui est précieux quand on a un mois pour apprendre la langue de Soljenitsyne. Car les cours théoriques en russe commencent en décembre. Plus un mot ne sera prononcé en français : aïe, pour comprendre le fonctionnement du pilotage automatique ou la gestion du taux d'oxygène, on risque d'y perdre son latin ! Un mois, c'est très peu... L'entraînement comprend normalement dix-huit mois, les six premiers consacrés à la théorie et l'apprentissage de la langue, les cinq suivants au travail pratique dans le simulateur de Soyouz, et les six derniers à la préparation en équipe, le tout avec séances de centrifugeuse, tabouret tournant, hydrobassin et stages de survie. Claudie devra faire tout ce programme – du moins l'essentiel – en huit mois. A peine la moitié du temps !

> Le lendemain de mon arrivée, se souvient Claudie, le programme intensif a commencé : huit heures de russe par jour, les cours se succédant sans relâche en dehors d'une heure pour déjeuner, avec les professeurs Zinaida Nicolaevna et Svetlana Petrovna, deux femmes d'une extrême patience, dont l'une ne parle pas un mot de français. On en sort épuisé, vidé ! Cet apprentissage a été difficile, avouons-le, on se décourage souvent en se disant qu'on n'y arrivera pas, et on voit la date ultime se rapprocher de plus en plus ! Le russe n'est déjà pas une langue très facile, mais en plus les termes techniques sont très compliqués, souvent d'origine étrangère d'ailleurs. Certains sont assez drôles : photocopier se dit « xeroxirovat », par exemple !...

Les heures qui restent sont consacrées au sport, ce sont les plus agréables, suivant un programme personnalisé, avec des contrôles réguliers pour mesurer ses progrès. On doit muscler son corps, ses jambes, ses bras, qui seront sollicités dans la station Mir. Les séances se passent dans des lieux fabuleux, une superbe piscine bordée de grandes baies vitrées qui donnent sur la forêt de sapins où l'on ne croise jamais personne, un beau tennis, une grande salle d'athlétisme et de musculation, et, surtout, la forêt, magnifique, que l'on parcourt en ski de fond l'hiver et en courant l'été, au milieu des sapins dorés et des bouleaux... Claudie la sportive ne peut rêver mieux !

Dans les vestiaires ou entre deux crawls, elle fait connaissance des autres cosmonautes qui l'écoutent patiemment parler petit nègre. Une mimique, quel-

Claudie à trois ans, quand elle pose avec sa sœur Dany. A la maternelle, en tutu, elle rêve plus de danse que de fusée... *(Ph. coll. part.)*

Le jeune médecin rhumatologue, au cours de la sélection du CNES, en 1985, pose devant l'hôpital Cochin, de l'espoir plein les yeux. *(Ph. Gamma.)*

Les heureux élus de la sélection du CNES découvrent la célébrité et rencontrent des personnalités. En 1987, avec Jacques Chirac, pour l'émission «L'heure de vérité». *(Ph. Gamma.)*

Doublure de Jean-Pierre Haigneré en 1993, Claudie découvre l'entraînement à la Cité des Étoiles, épuisant et exaltant. *(Ph. Gamma.)*

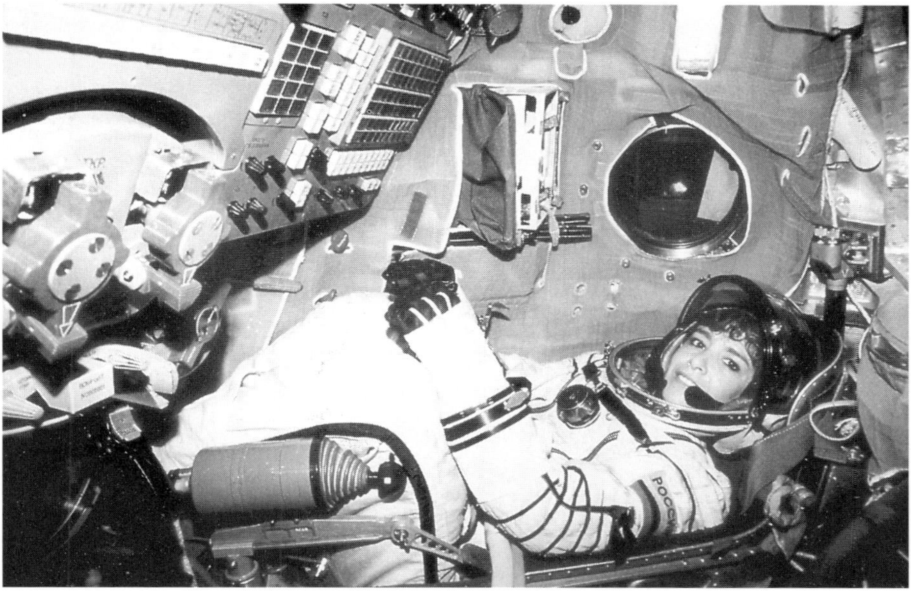

Recroquevillée dans la maquette du *Soyouz*, Claudie a passé des heures à apprendre toutes les manipulations et à prévoir la moindre panne. *(Ph. CNES.)*

Noël 1995 en famille avec son frère ; debout, à ses côtés, sa sœur et son mari ainsi que ses neveux et nièces. *(Ph. coll. part.)*

Autour de Claudie, les deux cosmonautes russes qu'elle a retrouvés à bord de la station Mir, Youri Ousatchov et Youri Dnafrienko. A genoux, le chef de projet Lionel Suchet (à droite) et son adjoint Hervé Stevenin (à gauche). A l'extrême gauche, Léopold Eyharts, doublure de Claudie. *(Ph. coll. part.)*

Les joies de l'amerrissage ! Une fois sortis du vaisseau, les cosmonautes doivent envoyer des fusées de détresse pour aider les secours à les situer plus rapidement. *(Ph. coll. part.)*

Essayage des scaphandres. Le 12 août, on apprend que Guennadi Manakov (à gauche) souffre d'un petit problème cardiaque et ne pourra partir comme prévu. *(Ph. Epia/Sygma.)*

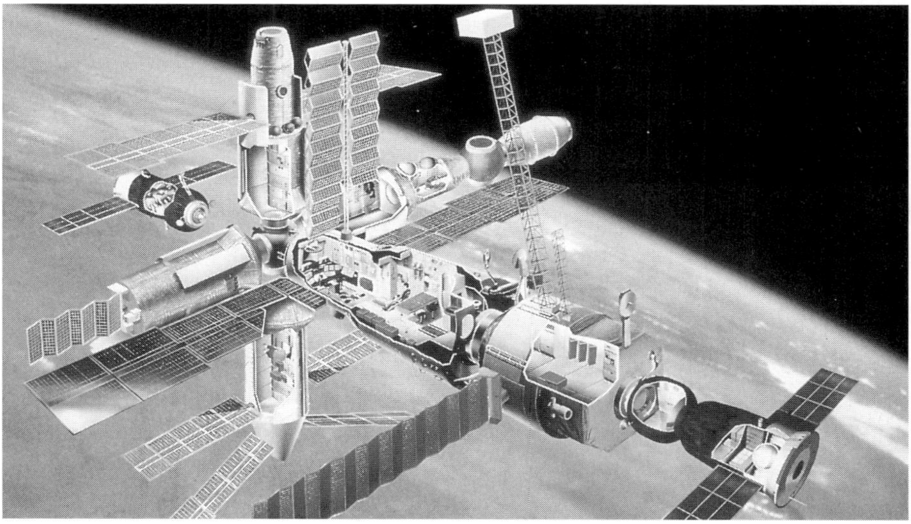

La «caravane de l'espace» où séjournent les cosmonautes, avec notamment le bloc central, la table de repas, le coin gymnastique... A l'arrière, le *Soyouz* repart vers la terre. *(Ph. CNES.)*

Départ de l'équipage le 17 août avec une Claudie rayonnante.

2 septembre. Claudie André-Deshays est extirpée de la capsule qui vient d'atterrir et subit immédiatement un premier examen.*(En haut : photo Georges de Keerle-Sygma ; en bas : photo CNES-A. Texier.)*

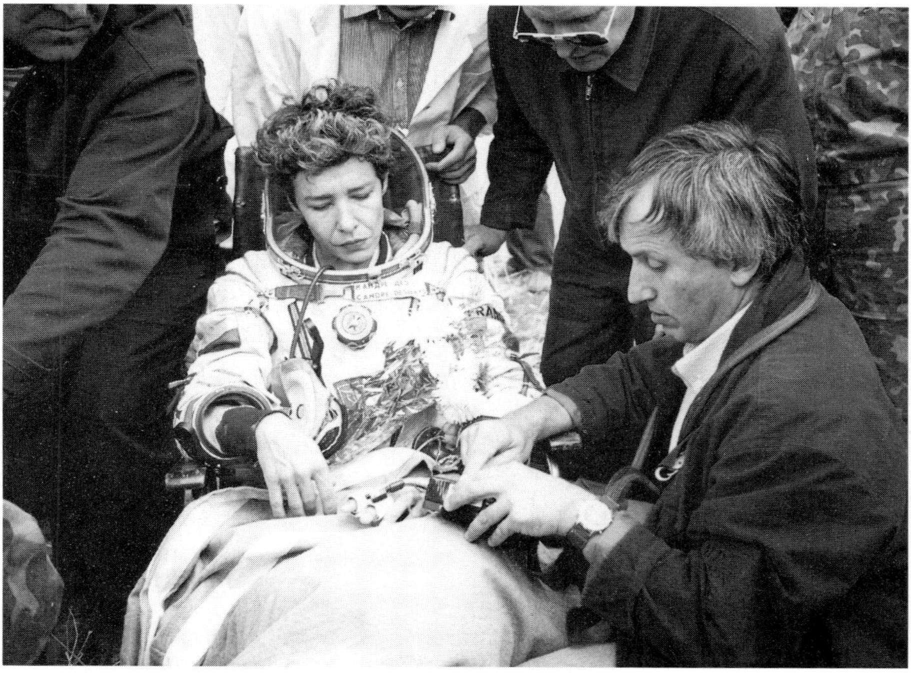

Quelques heures après l'atterrissage, Claudie et ses compagnons spationautes Youri Dnafrienko et Youri Ousatchov goûtent le pain et le sel, selon la tradition. *(Photos Georges de Keerle-Sygma.)*

ques gestes et on se fait comprendre... en riant ! L'échange se fait vite ici, puisque tout le monde est logé à la même enseigne. Alors qu'à la Nasa Jean-Loup Chrétien ou Patrick Baudry n'avaient pas accès à toutes les salles et à toutes les activités, les cosmonautes étrangers logent à la Cité des Étoiles dans les mêmes appartements que les plus grands héros et participent à chaque étape de la préparation. Ils ne sont pas considérés comme des passagers, embarqués pour une virée dans l'espace, mais comme de véritables professionnels. Les Russes les respectent et n'ont jamais aucun signe de mépris pour ces étrangers qui sont moins spécialisés qu'eux. Leur but est que tout fonctionne le mieux possible pour tout le monde. La réussite est un devoir envers la nation socialiste et on ne doit pas en tirer une gloire personnelle ou dédaigner ceux que l'on domine. Si le culte de la personnalité est très fort en politique, il disparaît dans les autres secteurs où cela peut même paraître suspect d'être trop brillant, trop ambitieux donc trop individualiste. Dans une société collectiviste, on aime former les foules à la perfection, bien alignées, et qu'aucune tête ne dépasse ! Les plus grands cosmonautes restent humbles d'ailleurs, tous dans le sillon du maître Gagarine. Ils ont l'honneur de voir tous les jours aux vestiaires son armoire, protégée par une vitrine, avec à l'intérieur son short et sa raquette bien rangés, comme au premier jour, et même la serviette dans laquelle il épongea son beau front de demi-dieu... Un ange passe.

> Le contact s'établit d'autant plus rapidement, précise Claudie, que tout le monde se retrouve à la « Stalovaïa », la cantine. C'est une immense pièce, partagée en trois salles par des cloisons mobiles, l'une pour les chefs et les invités, scientifiques ou académiciens, une autre réservée aux cosmonautes russes, la troi-

> sième pour les étrangers. Mais les portes restent toujours ouvertes et on discute avec chacun. J'aime beaucoup y aller pour le déjeuner, cela permet de voir tout le monde. Le soir, je préfère dîner chez moi et travailler. Le repas à 18 heures, c'est un peu tôt ! Quant au petit déjeuner, la côtelette et la Kacha du matin, très peu pour moi !...

Elle part donc faire ses courses, comme tout le monde, en vélo, au magasin d'alimentation... en savourant son bonheur ! Elle n'a pas eu besoin, comme les femmes des cosmonautes, un an ou deux auparavant, d'arriver avec un camion entier de boîtes de conserves. A l'époque, pour acheter un minimum de choses, il fallait aller jusqu'à Moscou avec une voiture que l'on devait réserver à l'avance et un chauffeur chargé de vous surveiller. On faisait la queue durant deux heures pour une tomate maigrichonne et on portait toujours un sac en plastique dans la poche, comme toutes les Russes, pour se précipiter sur la première victuaille en vue, un concombre ou un bout de poisson du moment que cela se mange ! Au magasin d'alimentation de la Cité trônaient trois rondelles de saucisson, parfois quelques œufs et des fromages russes, un peu de beurre, quatre choux et trois pommes de terre. Pas de quoi se taper la cloche ! Mais, en une année, que de changements ! A 18 heures, après ses cours, Claudie part voir ce qu'il y a à se mettre sous la dent, en ce jour béni du capitalisme nouveau. Elle rencontre les mères de famille qui traînent leur bébé dans des luges – c'est bien plus pratique que les poussettes –, les jolies petites filles avec leurs joues roses de poupées russes et leurs longues nattes blondes, quelques matrones qui ont installé une table de fortune dans la neige pour vendre une poignée de légumes. Dans le magasin d'alimentation, où règne une odeur de viande – à vue de nez d'un certain âge –, un gros congélateur acheté de fraîche date regorge de pizzas, esquimaux, fruits et gros jambon qui changent de la soupe aux choux, du pâté aux choux et de la viande aux choux. Car chez les Russes le menu est simple, on ne se demande pas : « Que vais-je faire de délicieux à mon petit mari chéri ce soir ? » C'est tous les jours la même chose ! Laitages et viande le matin, servis en bonnes grosses parts, soupe à midi et presque rien le soir. Alors, il y a des jours où l'on apprécie la pizza surgelée ! Même si elle n'est pas bonne. La nourriture est – presque – abondante, et quelques boutiques se sont ouvertes depuis peu. Un magasin de meubles, immense pièce où s'exposent un lit, deux chaises et un séchoir à cheveux, et celui des enfants où l'on trouve des tee-shirts, des bottes, des petits soldats, quelques jouets Lego et de mauvaises imitations de Barbie... C'est un paradis pour les petits Russes qui feraient hurler de rire les nôtres. C'est quoi ça, nous demanderaient-ils, une punition ou une plaisanterie ? Nos enfants gâtés auraient du mal à comprendre la joie des petits d'ici devant toutes ces pauvres babioles car c'est le début d'un capitalisme naissant dans un pays qui n'y a pas été préparé, une vision qui semble presque surréaliste pour les esclaves de la consommation que nous sommes.

Mais Claudie découvre aussi une liberté nouvelle : quand elle veut aller à Moscou, elle loue une voiture et part seule, sans besoin de prévenir ou obligation d'un chauffeur, pour faire ses courses à la capitale. L'ambiance est bien différente de celle que connurent les premiers cosmonautes français, Jean-Loup Chrétien et Patrick Baudry, qui se sentaient surveillés en permanence. Ils avaient même droit à un professeur d'instruction politique, qu'ils avaient baptisé « l'aumônier » et qui avait la lourde tâche de les convertir au communisme, mais le malheureux a dû rapidement abandonner, désespéré par ces élèves indisciplinés. Tous deux racontèrent aussi qu'ils étaient persuadés d'avoir des micros dans leur appartement mais n'arrivaient pas à les trouver. Alors, un jour d'humeur joyeuse, ils se sont mis à dire des horreurs en parlant très fort ; notamment que les Soviétiques étaient vraiment des sauvages, sans aucun savoir-vivre puisqu'ils n'étaient même pas capables de leur offrir un peu de caviar au petit déjeuner. Le lendemain et durant huit jours, ils ont eu droit, chaque matin, à du caviar à la louche !

Finie cette époque, Claudie peut toujours s'égosiller dans son appartement, personne ne l'écoute ! C'est un quatre pièces clair, fonctionnel et sans charme, mais trois fois plus grand que son studio parisien et avec une vue magnifique sur la forêt de bouleaux, couverte de neige. Elle aime passer quelques instants à regarder cette étonnante Cité baignée dans le silence que perturbent parfois quelques voix lointaines et l'aboiement d'un chien errant, éclairée par la lumière fluette de quelques réverbères, avec au loin, l'horizon glacé, qui laisse imaginer les contrées inconnues de cette immense Russie. Elle écoute les informations télévisées, essayant de comprendre le présentateur qui parle à toute allure, et grignote avant de travailler, toute la soirée jusqu'à minuit.

> J'étais seule, j'en ai profité. Si, comme les autres, j'étais venue avec mari et enfants, les choses auraient été différentes, mais j'étais célibataire, et si les Russes sont très chaleureux, ils ne vous invitent pas à dîner chez eux comme cela se fait en France. Je passais donc tous mes moments de liberté à apprendre le russe, j'avais si peu de temps devant moi ! Mais la vie dans cette Cité est très agréable maintenant, car on y trouve l'essentiel, sans excentricités, bien sûr. On n'a donc plus besoin de s'angoisser pour des problèmes

matériels, l'ambiance est très calme, organisée et concentrée sur le travail. Je m'y sens très bien, protégée, détendue par rapport à la vie parisienne plus turbulente. Et puis Jean-Pierre Haigneré m'a donné un formidable coup de main !

Elle ne va pas être seule longtemps car leur amitié se transforme rapidement... Claudie découvre le grand amour. Elle avait connu un frère avec Paul, son mari, puis un père avec Michel, aujourd'hui elle rencontre un homme. La bonne élève, travailleuse, immature et peu sûre d'elle, va devenir une femme, épanouie, sereine. Elle ne jure que par lui, lâcherait tout pour le suivre et recouvre ses murs de ses portraits pour l'admirer à chaque minute. « On dirait des icônes, se moque gentiment sa mère, tu devrais faire brûler des cierges ! »

Je me souviens, raconte son frère Pascal, quand Claudie nous a présenté officiellement Jean-Pierre. Ils étaient venus de Moscou à Rennes, où je vis, car nous avions organisé une grande fête pour les dix ans de mon fils aîné. Claudie a passé des heures à faire jouer les enfants, mieux qu'un animateur de colonie de vacances ! J'ai deux fils, Thibaut et Loïc, et ma sœur Danielle a un petit Jean-Baptiste et des jumeaux, Justine et Fabien, ce dernier étant le filleul de Claudie. Cela fait toute une ribambelle de gamins, et Claudie les adore. Bien sûr, elle aimerait avoir elle aussi des enfants, mais avec la vie qu'elle a c'est compliqué. »

En attendant de connaître les joies de la couche-culotte et de la tétine, ils vont vivre intensément leur histoire d'amour, la plus belle des aventures, qui vaut tous les voyages dans l'espace. Les Russes prennent ce nouvel élément, non prévu au programme, avec un grand calme et... une certaine tendresse.

1993 : Le programme décolle

De l'amour plein les yeux, ils n'ont pourtant guère le temps de conter fleurette car, après un mois, le rythme s'accélère. Les cours théoriques commencent et, cette fois-ci, il faut vraiment s'accrocher ! D'autant que la méthode est des plus classiques : tableau noir et craie blanche. On passe des heures à fixer un professeur qui vous explique, en russe, des questions extrêmement complexes. Au programme des réjouissances : médecine spatiale, théorie de vol, mécanique spatiale, système de propulsion et navigation cosmique. Terriblement ardu, ce programme ne s'accompagne pas d'une documentation détaillée qui permet de mieux comprendre certaines données, comme cela se fait aux États-Unis. Pour les Russes, un manuel ne sert qu'en cas très particulier, la mémoire doit remplacer tous les livres, le cerveau est une bibliothèque qu'il faut savoir remplir. C'est donc à chacun de prendre des notes durant les cours, comme à la faculté, et d'apprendre par cœur tout ce qu'il faut savoir. Une méthode comme une autre, qui a fait ses preuves puisque tous, ici, ont des centaines d'ouvrages imprimés dans la tête. On appelle ça du bachotage, avec un professeur qui répète souvent les informations afin qu'elles finissent par devenir automatiques et des élèves qui font leurs « polycopiés » eux-mêmes. Mais les mœurs évoluent vite et cette habitude est en train de changer, sous l'influence des astronautes américains qui séjournent de plus en plus nombreux à la Cité, en vue du projet international Alpha. Précisons que les cosmonautes sont russes, les astronautes américains et les spationautes français.

Les Américains ont donc apporté leurs méthodes et, aujourd'hui, les comptes rendus de cours commencent à circuler, au grand bonheur des élèves. Mais, à cette époque, ce n'était pas encore le cas, d'où l'immense soulagement que procureront à Claudie les cours de Jean-Pierre Haigneré, recopiés bien lisiblement. *Solidarnosc !*

Le programme est dense, huit heures de cours par jour, trois séances de sport par semaine et des entraînements de tabouret tournant pour apprendre à jouer les toupies sans avoir de sueurs froides, le plus longtemps possible. Un délice... Claudie va en passer des soirées sur les tables de trigonométrie et dans les livres de physique ! Apprendre, répéter et réviser encore. Pour occuper la moindre seconde libre, elle dispose, un peu partout dans son appartement, des petites fiches avec des mots de vocabulaire russe, sur le lavabo, le réfrigérateur, près du téléphone. Comme quand elle mettait, enfant, son livre sur un coin de l'évier pendant qu'elle faisait la vaisselle...

L'examen est proche : à la fin de ce mois de décembre 1992. De façon un peu scolaire, la méthode russe vous soumet à des contrôles très fréquents entre chaque phase. Mais pas de panique ! Partant du principe que l'élève a passé tous les tests lui permettant d'être arrivé jusqu'à ce lieu prestigieux et qu'il est bien préparé, il doit réussir haut la main, c'est-à-dire avoir une note minimum de 4 sur 5. Et ô joie, ils obtiennent tous 5 ! Pas moins. Car ils ont tous le même niveau. Égalité des êtres, égalité des talents ! C'est aussi une question de mise en confiance. On vérifie les connaissances de l'élève mais on n'est pas là pour le piéger. Il ne doit pas s'angoisser et se heurter à des difficultés, il a déjà assez de travail comme ça ! Au contraire, tout est fait pour qu'il se sente rassuré, entouré, encouragé, heureux.

Le système russe est très militaire, rigoureux et sécurisant, explique Claudie. En de nombreux points, par exemple, pour le décollage, il existe un système d'éjection de la capsule où se trouve l'équipage en cas d'urgence, opérationnel durant les premières minutes du vol. Il a déjà fait ses preuves, et c'est tout de même sympathique de savoir que, s'il y a un incendie ou une panne grave, on peut s'en sortir ! Les Américains ont un système de travail plus proche du nôtre, avec des documentations, sans ces examens incessants. Par contre, ils ne contrôlent pas totalement certaines phases du vol, il y a souvent des imprévus, des retards, et les astronautes peuvent rester prisonniers dans la navette. Ici, à force de passer des heures et des heures dans le simulateur à imaginer les pires situations, nous devenons capables de gérer les problèmes les plus complexes, dont certains sont même inconnus des documentations de bord, pour savoir nous débrouiller seuls à tout moment, pouvoir remplacer la machine.

Mais ne nous leurrons pas, le danger existe malgré tout, et les Russes se souviennent de Vladimir Komarov, par exemple, premier homme à partir pour la deuxième fois dans l'espace le 23 avril 1967. Sur le chemin du retour, le Soyouz a subi une série de pannes, de plus en plus inquiétantes. Ne se faisant plus guère d'illusions sur son sort, il échangea une conversation poignante avec l'équipe du sol, lui demandant de transmettre un message à sa femme, le plus simple, le plus beau : « Je t'aime. » Il réussit malgré tout à rentrer correctement dans l'atmosphère, mais son parachute ne s'ouvrit pas. On imagine ses pensées durant sa chute libre sur sept mille mètres... Quelques jours après le drame, Gagarine a prononcé quelques mots remplis d'émotion : « Nous penserons toujours à toi et nous poursuivrons l'œuvre à laquelle tu as sacrifié ton existence. Tu es mort, mais d'autres réaliseront ton rêve : ils atteindront la Lune à un endroit qui portera ton nom. »

La promesse a été tenue ; un cratère sur la lune porte le nom de Komarov, premier homme mort dans l'espace. Il sera malheureusement rejoint par d'autres et, le 2 février 1971, lors de la mission Apollo 15, Irwin et Scott ont construit sur la Lune, au bord de la mer des Pluies, un mémorial rendant hommage aux quatorze Russes et Américains qui ont sacrifié leur vie au nom de la conquête spatiale, auxquels il faudra rajouter d'autres noms, comme ceux des sept astronautes de Challenger, dont l'explosion a traumatisé toute l'Amérique le 28 janvier 1986. Mais comme l'a déclaré John Glenn, le premier Américain à avoir tourné en orbite autour de la Terre : « Nous ne devons jamais, en tant qu'individus ou comme nation, nous arrêter d'explorer, d'espérer, de découvrir. Il faut continuer, ne serait-ce que pour faire honneur à leur mémoire. »

Continuons donc ! Claudie passe son premier examen. Terrible pour quelqu'un qui parle à peine russe et ne comprend pas la moitié des questions. Enfin, pour cette fois, ça ira ! Bonne élève qui doit persévérer. Elle entre aussitôt dans la deuxième phase, plus technique, concernant toutes les opérations qui s'effectuent à bord du Soyouz : système de pilotage, radio-contrôle, contrôle thermique, gestion de l'air et des paramètres d'environnement (mesure de l'oxygène, du gaz carbonique...). On travaille à deux, le cosmonaute titulaire et sa doublure, dans le simulateur du Soyouz, à répéter toutes les procédures et à envisager toutes les pannes possibles durant quatre heures. Puis on reprend des points particuliers dans des salles de cours, à l'aide de reproductions très précises des machines. Toujours sans l'aide de documentation, mais à la russe : « Rentrez-vous ça dans le crâne ! » Il faut comprendre – parfois deviner – des mots inconnus ou compliqués et les retranscrire directement en russe, pas le temps de traduire. A force d'écouter et réécouter, faire et refaire, l'homme finira par connaître sa tâche, telle la machine. La méthode russe a son humilité... si différente de l'américaine qui laisse une part plus importante à la réflexion, à la possibilité de dominer la technologie. Ici rien de tel, on travaille ensemble sans prendre d'initiative. C'est dans l'esprit d'équipe qu'il faut se distinguer et réussir, non dans les initiatives personnelles. Et si le besoin de changer de directive se fait sentir lors du vol, c'est l'équipe au sol qui gérera les problèmes. Car, contrairement à la Navette qui se conduit d'une manière autonome, le Soyouz est beaucoup moins sophistiqué et obéit entièrement à l'ordinateur qui gère les ordres depuis la Terre. D'où sa simplicité apparente et l'étroitesse des lieux. Tout est question de confiance, dans la technique, dans les autres, en soi-même. Cette façon de raisonner n'est pas toujours très facile à accepter pour les Occidentaux, mais elle a prouvé son efficacité, n'est-ce pas l'essentiel ?

Le simulateur est une reproduction grandeur nature de Soyouz TM dont il possède tous les éléments dans le moindre détail, réel ou fictif. Rien de bien bluffant au premier regard ! Tout semble vieillot, grossier, pour ne pas dire simpliste. On frissonne en imaginant cette petite coquille de noix dans l'immense espace...

> Pourtant la capsule Soyouz, la plus utilisée du monde, a prouvé ses compétences depuis les années 60 et ramené à bon port nombre de cosmonautes ! constate Hervé Stévenin, adjoint au chef de projet de la mission Altaïr, futur spationaute, mur-

> mure-t-on dans les milieux autorisés. Rien n'a pratiquement changé depuis le premier vaisseau de Gagarine. Le matériel russe est rustique mais solide, simple mais efficace.

Alors que les Américains veulent améliorer le leur à chaque programme, le rendant plus sophistiqué mais aussi plus fragile. Quand ils utilisent des ordinateurs pour contrôler la température à bord du vaisseau, les Russes se contentent d'un thermostat que l'équipage manœuvre lui-même. Et quand Stafford et Leonov ont voulu sceller leur rencontre dans l'espace en 1975 d'un paraphe mutuel, le premier a pris un beau stylo à bille capable d'écrire dans toutes les positions qui a demandé des années et quelques dizaines de millions de dollars de recherche, tandis que le second a tiré de sa poche un bon vieux crayon à papier, tout à fait idéal pour une signature en impesanteur !

> Ici il n'y a pas de superflu, confirme Claudie, pas de gadgets technologiques ni d'esbroufe. C'est ce qui frappe le plus les visiteurs qui s'attendent forcément à une mise en scène véhiculée par le cinéma. Rien de tout ça ! A côté du simu, il y a l'immense console des instructeurs avec un gros ordinateur qui répercute les ordres et fait vivre le simulateur comme un véritable Soyouz. Nous passons une cinquantaine d'heures à tester le matériel, prendre des notes, résoudre des pannes éventuelles et répéter inlassablement une multitude de gestes précis. Plus de deux mille situations dites « non nominales » peuvent être reproduites. Nous devons aussi apprendre les manœuvres des autres membres de l'équipage pour connaître parfaitement le travail de chacun. C'est du bachotage, une fois de plus, astreignant, fatigant mais très efficace !

Le « simu », c'est aussi l'image traditionnelle qu'on jette en pâture au public : les cosmonautes dans leur belle combinaison, serrés les uns contre les autres dans cette minuscule capsule bardée de boutons, d'écrans, de manettes et de lumières. L'ensemble est vétuste et sent bon le socialisme fauché, mais il fonctionne bien et donne une bonne idée du déroulement du voyage dans l'espace. On pousse la délicatesse jusqu'à mouler chaque siège à la forme de chacun, pour mieux épouser le corps. Plus par souci de sécurité que de raffinement : il faut amortir comme on peut le choc de l'atterrissage. Aujourd'hui, on le fabrique en billes de polystyrène et autres douceurs, mais, à l'époque, en Russie, on en est encore au bon vieux plâtre ! Et aux fous rires durant la séance de moulage, en maillot de corps de grand-père, trempé dans le plâtre liquide jusqu'au cou. Pour vous en sortir, il faut vous pendre à une sorte de palan qui vous tire comme une grue. Charmant...

> Les entraînements dans le simulateur sont moins drôles, reconnaît Claudie. L'endroit n'est pas de tout confort, on a les jambes sous le menton et le tableau de bord au bout du nez, sans compter une chaleur quasi tropicale. Les pires séances sont celles où l'on porte le scaphandre. Par exemple, si on simule une dépressurisation, on ferme la visière de notre casque et on amène de l'oxygène pur pour respirer. Avec la dépressurisation, le scaphandre est gonflé à bloc et on se sent comme un bibendum oppressé. Il faut être extrêmement attentif, se souvenir de tous les détails – et c'est là que le « bachotage » devient très utile – car les pannes se succèdent, quasiment tous les quarts d'heure. On doit écouter les instructeurs et effectuer les bonnes opérations avec l'aide de deux gros livres. Un vert, quand tout va bien. Un rouge quand ça ne va pas. Après quatre heures, on en ressort complètement épuisé. Heureusement que dans un véritable Soyouz les pannes sont très rares et que vous êtes en contact fréquent avec la Terre. Mais il faut tout pré-

voir pour obtenir une parfaite confiance en soi ! Pour assurer la victoire, mieux vaut se préparer au pire.

Tout connaître sur le bout des doigts. Pour ce fameux décollage du désert du Kazakhstan, transporté par le lanceur Zémiorka qui vous propulse au-delà de l'atmosphère et vous place en orbite terrestre, en moins de neuf minutes. Il est impossible de « s'accrocher » à l'espace à moins de cent cinquante kilomètres d'altitude, ensuite plus on s'éloignera du sol, moins la vitesse sera importante.

> Au départ, explique Lionel Suchet, chef du projet Altaïr, il faut contrecarrer ce problème en faisant monter le plus rapidement et verticalement la fusée pour sortir le plus vite possible de l'atmosphère afin d'éviter l'échauffement qui grillerait les cosmonautes comme des côtelettes. Il faut donc mettre les gaz ! Chaque étage de la fusée emporte son combustible (kérosène) et son comburant (oxygène liquide) qui brûlent ensemble dans une chambre de combustion. Plus la pression et la température sont élevées, plus la vitesse d'éjection des gaz est grande.

On étudie actuellement d'autres systèmes, comme la propulsion ionique qui convertirait l'énergie solaire en gaz inerte tel que le xénon. Plus fou, la catapulte : il s'agirait d'un immense rail électromagnétique qui s'élèverait dans le ciel sur des dizaines de kilomètres d'altitude. La fusée serait poussée par un puissant moteur et propulsée au-delà de l'atmosphère. Bien sûr, en ce qui concerne la Terre, c'est de l'imagination à la Jules Verne ! Par contre la solution est envisageable sur la Lune où il n'y a pas d'atmosphère, même si ce rêve fait sourire certains. Ce serait pourtant très intéressant parce que moins cher et moins dangereux, puisque cela éviterait d'emporter trop de carburant. Un jour, peut-être, une autre Française décrochera la Lune en nous offrant le spectacle d'un tel décollage ! Un autre système fait tout autant rêver, puisqu'il s'agit des voiliers solaires, grande passion de Guy Pignolet, du CNES, qui tente d'organiser depuis des années une course de voiliers solaires, réunissant des pays des quatre coins de la planète. Belle idée qui n'est pas irréalisable, puisqu'il s'agit d'utiliser la pression exercée par la lumière. Cela évite le transport d'énergie, mais la propulsion que l'on obtient reste faible, ce qui nécessite des manœuvres assez complexes. On pourrait l'envisager, peut-être, pour de longs voyages, entre deux planètes, quand il faudra se déplacer à moindre coût. Mais ce n'est pas pour demain...

Aujourd'hui, nous avons toujours notre bon vieux Soyouz qui fait son travail fidèlement depuis des années. Il se lance bravement avec sa fusée, dans un nuage de fumée rouge, au milieu des flammes qui s'échappent des tuyères et mesurent jusqu'à cinquante mètres de longueur. Vibrations et bruits vont s'intensifier avec la montée en régime des moteurs jusqu'à ce que l'on passe le mur du son, avant de se calmer progressivement dès qu'on aura détaché les étages du lanceur. Neuf minutes d'enfer pour les pilotes, écrasés par l'accélération de 3 grammes, comme si leurs corps étaient trois fois plus lourds et avec « le sentiment d'avoir une vache couchée sur le ventre » selon l'expression de Jean-Loup Chrétien. Si le corps est immobilisé dans son siège, le sang, lui, se déplace et joue les filles de l'air ; il peut provoquer des troubles sérieux, voire une syncope. Ce qui explique la position allongée des cosmonautes pour un effet « antigravitationnel », d'autant plus désagréable qu'ils portent le fameux scaphandre. Un scaphandre trop petit puisqu'il est conçu pour être porté recroquevillé et ne doit pas faire de plis, ce qui donne cette démarche balourde, tête penchée, aux cosmonautes qui vont rejoindre leur fusée, courbés et engoncés dans ce vêtement trop court. Pour ajouter la dernière petite touche, il s'accompagne d'une sorte de gros ventilateur que l'on porte sur le côté, avec un tuyau pour rafraîchir l'intérieur du scaphandre. Le premier geste des cosmonautes une fois arrivés dans le Soyouz est de brancher leurs tuyaux de ventilation car il y fait déjà une chaleur étouffante.

> Ce harnachement est obligatoire depuis le 29 juin 1971, explique Lionel Suchet, chef du projet Altaïr. Ce jour-là, trois cosmonautes revenant d'une mission de vingt-trois jours ont péri car leur capsule a brusquement perdu son atmosphère artificielle quelques instants avant l'atterrissage. Depuis cette tragédie, ils doivent tous mettre leur scaphandre au départ, au retour et lors de toutes les opérations délicates, pour éviter de se retrouver dans le « vide », sans pression atmosphérique ni oxygène à respirer. Car tout est prévu pour vous faire respirer durant cent trente-cinq minutes en cas de dépressurisation, ce qui laisse un peu de temps devant soi pour trouver une solution à une panne éventuelle.

Une fois satellisé, le vaisseau retrouve son calme. On enlève casque et harnais et on découvre l'extraordinaire joie de l'impesanteur, l'« ivresse de l'espace ». « On se croirait dans une Cadillac ou dans une Rolls ! » s'exclamera Patrick Baudry. A l'extérieur, le vaisseau est entré dans le vide spatial, ce voile sombre sans nuit ni jour, sans bruit ni vie, difficile à saisir pour l'homme qui, comme la nature, a horreur du vide. « Le silence éternel de ces espaces infinis m'effraie » avouait Pascal. Dans ce vide sans limite, le seul signe de vie est la lumière des étoiles qui a voyagé des années pour parvenir sous nos yeux. Le Soyouz file à 28 000 km/h, maintenant sa vitesse grâce à des impulsions que donnent régulièrement ses moteurs-fusées. Il a rendez-vous avec un véhicule qui tourne, à la même allure que lui, depuis des années autour de la Terre à quatre cents kilomètres d'altitude. La course-poursuite dure deux jours, durant lesquels les trois cosmonautes, serrés comme des sardines dans leur petit vaisseau, contrôlent les opérations et surveillent le pilotage automatique. A l'heure du rendez-vous, il faudra débarquer dans la station Mir, s'arrimer avec une précision diabolique dans un cône de trente centimètres de diamètre et être capable de réaliser l'opération soi-même si le pilotage automatique fait défaut. Mieux vaut donc connaître le Soyouz dans ses moindres recoins !

Une doublure sans filet

Et justement, en février 1993, six mois avant le vol, la préparation technique se précise : la troisième phase commence, où chaque équipage travaille ensemble. Fini les cours théoriques, on passe ses journées en simulateurs, Soyouz et station Mir, tout en attaquant le programme scientifique, avec toutes les expériences qu'il faut apprendre à exécuter. Claudie parle beaucoup mieux le russe et peut maintenant se préparer avec ses deux coéquipiers, les deux autres suppléants. Avec une telle étroitesse de lieu et de rapports, l'atmosphère qui règne dans l'équipage est, bien sûr, primordiale. Il est composé la plupart du temps d'un commandant de bord, pilote militaire russe, maître absolu qui se place au milieu et gère le pilotage automatique, ou manuel si besoin. A ses côtés, un ingénieur de mission, appartenant à la NPO ENERGIA, que l'on appelle aujourd'hui RKK ENERGIA, l'organisme russe responsable des vols habités, qui construit les vaisseaux Soyouz et emploie trente mille personnes. Il s'assoit à gauche du commandant de bord pour contrôler tous les systèmes techniques. Enfin, un expérimentateur, cosmonaute étranger, placé à droite, qui se charge de la gestion de la radio, de la télévision et des paramètres d'environnement (surveillance de l'oxygène, du taux d'azote, de gaz carbonique etc.).

Le choix est donc minutieusement réfléchi afin de créer un groupe de personnalités qui s'accordent et soient capables de travailler ensemble durant quinze jours ou... six mois ! Puisque l'homme n'a pas à jouer un rôle personnel, à prendre des initiatives, sauf en cas d'urgence, c'est dans sa façon de s'intégrer à un groupe qu'il va prouver ses talents. L'accord psychologique des uns et des autres est un élément beaucoup plus important qu'à la NASA, on l'a dit. Il est si primordial qu'on ne pourrait, en cas de problème, changer la répartition des groupes et donner la place de Jean-Pierre à Claudie et vice versa. Car tout a été étudié pour chaque équipe !

Aux États-Unis, si l'un des membres attrape un simple rhume ou se fait une entorse, on le remplace rapidement. On se souvient de James Swigert qui prit la place de Ken Mattingly au dernier moment pour la tragique mission d'Apollo 13. La bonne entente de l'équipe en a souffert. La complicité d'années d'entraînement, les efforts et les espoirs partagés, les rires et l'amitié ne peuvent s'oublier en quelques jours. Et quand on est devant la mort, dans l'infini immense, sans savoir si l'on pourra revenir sur Terre, la solidarité et la bienveillance sont vitales. Les Russes le savent. S'il survenait un accident à l'un des cosmonautes, ils changeraient toute l'équipe. La suppléante a suivi le même parcours technique et... affectif. C'est pour cette raison qu'elles doivent, l'une comme l'autre, se préparer parfaitement jusqu'au dernier moment, au cas où...

En effet, l'équilibre de l'équipe de doublure dont fait partie Claudie est parfait. Victor Mikhaïlovitch Afanassiev, le commandant de bord, est un pilote militaire et d'essai de quarante-quatre ans, calme, posé, rigoureux, pas du genre à vous taper sur l'épaule, tandis que l'ingénieur de bord, Youri Vladimirovitch Ousatchov, est plus impulsif, plus enthousiaste, plus drôle, mais moins expérimenté. Une vraie famille pour Claudie, entre le « père » et le « frère ». Le premier est déjà parti sur la station Mir, lors du vol soviéto-japonais de décembre 1990, où il est resté cent soixante-quinze jours, dont huit avec une femme, l'Anglaise Elene Sherman. Il doit garder un merveilleux souvenir de ce séjour car le gouvernement anglais a annulé tout le programme scientifique d'Elene, pour raisons financières. Elle est donc partie comme au Club Med', sourire aux lèvres et brushing impeccable, avec pour seule mission de chouchouter l'équipage et de l'aider dans son travail. Des femmes comme ça, ils en redemandent ! Et puis, il y a le « frère » qui a le même âge et la même joie de vivre, mais ne connaît pas les sensations de l'espace même s'il a commencé l'entraînement en 1989. Une bonne répartition des rôles pour bien supporter la rigueur et la discipline quasi militaire de l'entraînement quotidien. On est soudé et obéissant, à vos ordres !

Pour cette troisième phase de la préparation, Claudie et Jean-Pierre se séparent et vont passer six mois avec leurs coéquipiers russes à apprendre, dans les moindres détails, toutes les manipulations qu'ils auront à effectuer, avec l'aide de scientifiques et des médecins de l'Institut des problèmes médicaux biologiques, l'IMPB, spécialisé dans la physiologie et la médecine des milieux extrêmes.

Le programme est très chargé. Les scientifiques français qui étudient le spatial se sont multipliés au cours des dernières années. D'une trentaine d'équipes de recherche en 1986, on est passé à une centaine qui conçoit des appareils ultrasophistiqués pour tester les hommes et les matériaux dans l'espace. Au menu : onze expériences pour étudier le système immunitaire pendant et après le vol, l'adaptation physiologique au niveau cardio-vasculaire, la façon de visualiser son environnement et les réactions des fluides CO_2 et SF_6 qui ont d'étranges comportements en impesanteur ; ils deviennent très sensibles aux variations de température, par exemple.

> Nous sommes à la fois expérimentateur et cobaye, explique notre cosmonaute, ce qui bien sûr multiplie les difficultés car il faut se conduire en bon cobaye en vol, rester décontracté, ne pas s'endormir sur certaines machines qui étudient votre rythme cardiaque une heure par jour. Quand c'est juste après le déjeuner, certains peuvent se faire surprendre par une petite sieste ! Mais il faut aussi connaître les appareils dans le moindre détail. L'expérience « orthostatisme », par exemple, nous a demandé des heures de répétition car il faut obtenir des images de la morphologie et de la dynamique du système cardiovasculaire à l'aide d'un échographe. Réussir une coupe correcte de telle ou telle cavité cardiaque n'est pas évident ! Et quand on est en mission, c'est plus difficile à cause de tous les changements dus à l'impesanteur, alors il faut vraiment être à l'aise avec tous ces aspects techniques, sinon les scientifiques qui attendent avec impatience toutes ces données auront un résultat incomplet. Le pantalon Tchibis, qui semble simple à première vue, exige lui aussi un

peu d'expérience, car il faut transmettre en direct tous les signaux qu'il émet pour que les médecins au sol puissent suivre le retour sur terre. Toutes ces missions spatiales sont le fruit d'un énorme travail collectif (ingénieurs du CNES, équipe du projet, scientifiques...) dont vous prenez vraiment conscience à l'entraînement. C'est pour ça que nous voulons tous être au top ! Même si, parfois, il peut y avoir un peu de fatigue ou d'anxiété, vous irez jusqu'au bout pour tous ceux qui misent sur vous, qui attendent tant de vous. Avec Altaïr, j'ai « mûri », j'ai mieux compris les choses, les nuances, les souffrances aussi, et plus que jamais j'ai eu envie de voler.

Les expériences Nausicaa et Biodose concernent les effets des radiations ionisantes, en comparant les sangs des cosmonautes avant et après le vol. Un sujet préoccupant qui sera l'obstacle majeur à des voyages interplanétaires, vers Mars notamment. Depuis que le jeune physicien autrichien Victor Hess, prix Nobel en 1936, est monté tout là-haut dans la montagne pour découvrir avec stupéfaction qu'un rayonnement invisible venait du ciel, ils ont été des centaines de scientifiques à partir à l'assaut des pics pour élucider la question. Aujourd'hui, ils ne prennent plus le piolet, mais un ballon stratosphérique, une fusée-sonde ou un véhicule spatial, pour se rendre compte que... c'est l'horreur ! Sur Terre, nous sommes protégés par le champ magnétique et l'atmosphère joue les parapluies. Dès que l'on quitte la planète, on rentre dans un milieu silencieux et terriblement agité avec le soleil qui rejette des flots de particules et de rayonnements mortels. On utilise différentes parades, principalement des matériaux qui font écran, que l'on place sur tous les véhicules, satellites, station et scaphandres : des matelas isolants composés de feuilles de plastique, d'aluminium, etc. On fait aussi appel à des médicaments absorbant les rayons cosmiques, style vitamine E, mais qui ne semblent pas très efficaces. Rien d'affolant pour l'instant car la dose radioactive que reçoit le spationaute en quinze jours est inférieure à tout ce qu'il aura pris au cours de sa préparation, entre les radios et les scanners de la sélection médicale. Mais pour les missions futures, sur la Lune ou sur Mars, qui seront beaucoup plus longues, on envisage de créer un champ magnétique autour des vaisseaux spatiaux pour dévier les particules ionisées, en s'inspirant du modèle de la magnétosphère qui fait office de paravent autour de la Terre.

La protection thermique est vitale, elle aussi, pour maintenir une température supportable. Dans l'espace, il fait chaud et froid à la fois. Si la Lune et le Soleil n'existaient pas, il ferait frisquet, – 270°, mais avec des radiateurs aussi puissants, tout est perturbé et on passe allègrement de + 150° à – 150°. Une lente rotation des vaisseaux permet d'obtenir, à l'intérieur, une moyenne de + 20° tout à fait correcte. C'est aussi tout l'art des thermiciens qui jouent avec les matériaux et les couleurs pour créer un milieu confortable. Les métaux et la dorure absorbe bien l'énergie solaire et donnent une température élevée tandis que le blanc refroidit la situation. De la même façon qu'il vaut mieux ne pas rouler dans une voiture noire l'été et dans une blanche l'hiver. Ainsi, la sonde Voyager 2 a pu résister aux froideurs de Neptune en brillant de mille feux pour attirer le faible flux solaire. On travaille aussi la question des vêtements pour sortir dans l'espace et être capables de résister aux variations climatiques et aux radiations. La haute couture spatiale a fait d'immenses progrès avec des scaphandres plus souples, maintenant une pression aussi normale que possible face au vide intersidéral, avec des jointures solides, un casque recouvert d'or pour protéger les yeux, des couches de mylar pour adoucir les chocs, une ceinture de radiation pour piéger les particules énergétiques qui se promènent... Deux des cinq occupants de la navette Columbia ont même inauguré en 1994 des sous-vêtements thermiques révolutionnaires, paraît-il, traversés de soixante-neuf mètres de petits tuyaux d'eau froide pour maintenir une douce fraîcheur dans la combinaison durant le décollage et pourvus d'un système de pompe qui réduit la transpiration. L'ensemble n'est pas encore tout à fait au point mais laisse espérer des lendemains plus coquets.

Durant des siècles, nous avons plongé nos regards et nos rêves dans cet infini aux allures calmes et majestueuses. Il aura fallu quitter la Terre pour se rendre compte que ce havre de paix est un enfer, que le voyage dans les cieux est une descente dans les ténèbres. Une plongée dans un monde hostile, angoissant, sans odeurs ni bruits, sans eau ni air, ni toutes ces émotions dont nous avons besoin, peuplé d'ennemis, de particules, rayonnements et débris dangereux. Il suffit de voir dans quel état revient un satellite pour s'en rendre compte ! Le LDEF (Long Duration Exposure Facility) a été lancé par les Américains en avril 1984 pour une expédition de 32 418 orbites autour de la Terre, soit un milliard de kilomètres. A son retour, trente mille impacts de débris étaient visibles à l'œil nu. Chocs, éraflures, brûlures, revêtements arrachés, il n'était pas joli, joli !

D'où viennent tous ces déchets ? D'étoiles, de planètes ou du Soleil. Chaque année, il explose de colère et envoie soudainement d'énormes quantités d'énergie, rayonnement et noyaux d'atomes ionisés qui foncent à 50 000 km/s et détruisent tout sur leur passage. Environ une heure plus tard, ils bombardent la Terre, heureusement protégée par son bouclier-atmosphère. Des éruptions qui ne sont pas fréquentes puisqu'elles suivent un cycle d'environ douze ans, mais qui exigent de grandes précautions. D'autant que, chaque jour, le Soleil nous envoie tout de même un flux incessant de minuscules atomes, joliment nommé le « vent solaire » et filant à 400 km/h. On a d'ailleurs installé sur la Lune un « piège à vent solaire » pour capturer ces morceaux de Soleil et les analyser en laboratoire. Il faut donc éviter que les spationautes ne franchissent les zones dangereuses, au-dessus des régions polaires et jamais à plus de cinq cents kilomètres d'altitude.

Au-delà, on rencontre un autre danger, les « ceintures de rayonnement » ou « ceintures de Van Allen ». Ce fut la première découverte scientifique d'un satellite artificiel américain, l'Explorer 1, parti en 1958, pour réaliser une expérience demandée par le physicien Van Allen : la Terre est entourée de deux grosses ceintures qui oscillent entre cinq cents et quarante mille kilomètres d'altitude. Elle retient emprisonnés des milliers d'électrons et protons qui se baladent entre les pôles Nord et Sud, au-dessus de nos têtes. Certaines particules vivent quelques mois ou des centaines d'années et finissent par être précipitées dans l'atmosphère, créant le magnifique spectacle des aurores polaires, ce bombardement de lumières que nous envoient les dieux. D'autres sont apportées par le rayonnement cosmique, mais, d'où qu'ils viennent, tous peuvent causer de graves ennuis aux vaisseaux habités. Mieux vaut donc ne pas s'aventurer trop haut...

Il faut aussi se protéger du « dégazage » de nos propres stations. Dans le vide, surtout la première semaine, les matériaux perdent une fine couche de leurs atomes superficiels et libèrent des molécules gazeuses, vapeur d'eau, dioxyde de carbone, solvants, etc. Cela forme un nuage de pollution autour du véhicule spatial qui peut provoquer une panne, contaminer les circuits électroniques, les protections thermiques ou les lentilles d'instruments. Pour l'éviter, certains matériaux sont carrément interdits, comme le zinc ou le cadmium trop fragiles, et il faut être extrêmement vigilant sur le choix des plastiques, colles, lubrifiants, peintures et autres substances organiques. Bref, nos cosmonautes doivent se sentir prêts à affronter la tempête !

Pour les mettre tout de suite dans le bain, on les invite à un exercice fort difficile : l'amerrissage. Une arrivée au milieu des flots est peu probable mais il faut s'attendre à tout ! Tous les voyages depuis 1961 se sont terminés sur la terre ferme, dans le désert du Kazakhstan contrairement aux vols des Américains qui, avant de disposer de leur navette, ont pratiqué longtemps et systématiquement l'amerrissage avec tous les frais que cela comporte, les escadrilles de navires et d'hélicoptères qu'il faut envoyer pour retrouver la capsule. Pourtant, c'est tellement plus simple quand les astronautes posent leur engin grâce à leur parachute et ouvrent la porte, le sourire aux lèvres et le sac en bandoulière, devant les photographes ! L'image est plus séduisante que celle de trois malheureux, dans l'eau jusqu'au cou, se faisant tracter comme de gros paquets-cadeaux par un hélicoptère.

L'amerrissage est une épreuve peu excitante et sa préparation ne l'est pas davantage. Dans un étang à trente kilomètres de la Cité des Étoiles, on s'entasse, revêtus des scaphandres, dans une maquette de la capsule en tôle, que des plongeurs basculent dans tous les sens pour simuler une mer agitée. A l'intérieur, on se retrouve à lutter contre le mal de mer – terrible même quand on a le pied marin – alors qu'on roule, on tangue, on se tourne comme dans un ballon. Il faut supporter une chaleur de 30° minimum qui peut flirter avec les 60° et de vieilles odeurs de plastique – ou d'autres moins avouables prouvant qu'on a déjà été malade par ici –, tout en changeant de tenue pour se préparer à sortir dans l'eau. On déplie, dans l'ordre, les vêtements bien rangés en petits paquets, les uns après les autres, pour ne pas se laisser dépasser par les événements : une première série tee-shirt et caleçon, suivie d'une deuxième série, puis pull, blouson, pantalon, survêtement, combinaison antifroid très épaisse, et deuxième combinaison plus fine et étanche. Pour quitter son scaphandre, ce qui n'est pas une mince affaire, il faut s'aider mutuellement, l'un après l'autre, car il n'y a pas assez de place pour se déshabiller tous ensemble, on tire le pantalon, on enlève cette manche, on enfile une jambe – hups ! excusez-moi j'ai la nausée –, on se dépêche car le temps presse, engoncés, essoufflés, tout en tombant les uns sur les autres à cause du mouvement continuel de la capsule, ah pardon, ça c'est mon pied, merci. Vous parlez d'une partie de plaisir ! On s'emmêle les bretelles dans un joyeux mélange de jambes en l'air et de bras à l'envers. Une fois terminée cette folle séance de strip-tease version boîte de sardines, quand tout le monde est prêt, enfin, on ouvre l'écoutille et on sort à l'air libre, en se marchant dessus, on hisse les jambes, on pousse sur les bras et hop, il y a une vague, on redégringole dans la capsule. On recommence, excusez-moi de vous demander pardon, allez un dernier petit effort, ouiiii... ça y est ! On se jette à l'eau, on s'accroche les uns les autres pour ne pas se perdre, on allume les feux de détresse et on attend, la joue pâle et l'œil cerné, dans cette combinaison qui s'est gonflée d'air pour ne pas laisser pénétrer l'eau, qui vous étrangle, vous serre, vous emprisonne dans une atmosphère bien humide. Et pendant que vous pataugez dans la transpiration et l'eau salée qui parvient malgré tout à s'infiltrer, vous jouez les bouchons de champagne dans ce vêtement de survie qui flotte mal, vous basculez, buvez la tasse, reculez malgré tous vos efforts et priez que l'hélicoptère vienne vous tirer de là le plus vite possible en vous soulevant, par un treuil, de cet enfer. Ah, l'amerrissage... les amateurs sont peu nombreux ! Mais tous en gardent un souvenir intense et quelques haut-le-cœur, il n'y a bien que Jean-Loup Chrétien à avoir résisté, sourire aux lèvres au-dessus de l'eau, mais c'était vraiment pour sauver l'honneur des Bretons !

Sexe faible ?

L'épreuve est pourtant plus facile pour une femme, mince et svelte, que pour un homme, grand et baraqué. Peu d'études malheureusement ont été menées pour connaître les particularités féminines. L'une d'elles, aux États-Unis, a démontré une plus grande résistance des femmes sur le tabouret tournant. Dans les années 50, le savant américain Randolph Lovelace a fait des comparaisons entre les deux sexes, en vue de désigner des cosmonautes parfaits, et en a conclu que les femmes sont plus légères, par conséquent mangent moins, utilisent moins d'oxygène pour respirer et font preuve d'une meilleure endurance psychologique en cas de problème. Des arguments repris en 1973 par la NASA, qui sélectionna douze filles car on avait calculé qu'entre la nourriture et l'oxygène on économisait dix mille francs par jour et par kilo d'astronaute ! Un des responsables de l'époque avait même eu la délicatesse de déclarer : « Quand nos astronautes mâles vogueront vers Mars, le voyage sera très long, alors, ils auront besoin de distractions ! »

Il semble, en tout cas que les équipages mixtes souffrent moins des effets du mal de l'espace. L'Américain Newson a, quant à lui, démontré que ce « mal-être » spatial est très psychologique, d'où l'importance de la constitution des équipes, avec des membres qui s'entendent et se complètent bien. Il avait aussi souligné que les femmes supportaient moins longtemps les tests de simulation d'apesanteur et d'accélération, mais qu'elles récupéraient plus vite.

Pourtant, actuellement, on s'accorde à penser qu'il y a peu de différence sur un vol de huit ou quinze jours. Mais on sait que des missions plus longues poseront d'autres problèmes. Il faudra, un jour, connaître mieux le rôle que peuvent jouer les femmes dans le monde du spatial. Actuellement, seul le professionnalisme compte, et quand Elena Kondakova est restée six mois dans l'espace, on a simplement constaté qu'elle avait souffert plus longtemps de problèmes d'hémodynamisme et d'orthostatisme, c'est-à-dire qu'elle avait plus de mal à se tenir debout. Mais personne n'a évoqué les aspects psychologiques de ce séjour : comment une femme s'intègre-t-elle dans un groupe masculin ?. A-t-elle la même façon de reconnaître la hiérarchie ? A-t-on tendance à être plus paternaliste avec le « sexe faible » ? On n'en sait rien. Tout ce qui touche à la séduction, à l'abstinence sexuelle reste désespérément tabou. Personne n'ose aborder le sujet. Ce sera pourtant un élément incontournable de la vie spatiale du futur. Comment envoyer de pulpeuses créatures au milieu d'un troupeau de mâles, jeunes et en parfaite santé, pour une expédition de plusieurs années vers Mars si on ne connaît pas les réactions des uns et des autres ?

La femme garde-t-elle, d'ailleurs, un caractère sexuel dans de telles situations ? Suzy Oberlin, dans sa thèse *La Femme dans l'espace* (Conservatoire des arts et métiers, 1984), précise que, face au danger, elle prend valeur de symbole, car elle porte la vie et la donne, quand les hommes la détruisent. Le médecin-général André, au cours de ses audacieuses missions en hélicoptère en Indochine, Geneviève de Galard à Diên Biên Phu ou l'infirmière Muriel Brest dans les commandos du maréchal de Lattre, aucune d'entre elles n'a eu le moindre souci pour se faire respecter par les troupes. Le tabou de la mort confère une image différente à la femme : elle devient celle qui appartient au groupe et ne peut devenir l'« objet sexuel » d'aucun, car tous veulent la protéger et l'admirer de la même façon.

Après ces mois d'entraînement, Claudie s'est-elle d'ailleurs sentie différente, plus faible ou au contraire plus compétitive ?

> C'est vrai que le sujet n'est pas à l'ordre du jour, explique-t-elle. D'une façon générale, on ne constate quasiment pas de différence entre les hommes et les femmes. Déjà, l'état d'esprit de ce milieu est plus militaire que machiste : vous êtes un cosmonaute, sans aucune distinction, et le traitement reste le même pour tous ! Mais il y a peut-être, inconsciemment, une plus grande exigence vis-à-vis de nous, car les hommes peuvent nous considérer comme de nouvelles concurrentes. Je me suis entraînée, par exemple, avec l'Américaine Shannon Lucid, qui a volé quatre fois. Elle a donc une certaine « bouteille », mais, à cinquante ans avec des enfants, elle s'est un peu empâtée au cours des années. Pour sa séance d'amerrissage, elle était un peu moins rapide qu'avant, et le commandant de bord s'est moqué de la « Babouchka », que l'on peut traduire par la « grand-mère » en moins irrévérencieux. Je ne suis pas sûre qu'il se soit permis cette réflexion avec un homme du

même âge ! On ne sait pas encore grand-chose sur les femmes et l'espace, mais je pense tout de même que nous savons mieux tempérer les conflits car nous n'avons pas un état d'esprit très revendicatif, nous nous fichons de jouer le rôle de petit chef. Et puis nous avons un grand sens de l'organisation qui s'avère très utile dans ce genre d'expédition. Je me souviens aussi d'un test pour étudier notre appareil vestibulaire. On nous mettait de l'eau très chaude ou très froide dans l'oreille. L'eau était carrément bouillante et c'était épouvantable. Bien des hommes ont arraché l'appareil, et je suis une des seules à l'avoir gardé jusqu'à la fin. Nous avons appris plus tard que le régulateur était en panne et l'eau beaucoup trop chaude. Les psychologues m'ont souvent prêté des qualités dites « masculines », de sang-froid par exemple. Mais ce dont je suis sûre, c'est que les hommes ne m'ont jamais freinée dans mon parcours, au contraire, c'est grâce aux hommes que je suis devenue cosmonaute, grâce à leur confiance et à leurs encouragements. Comme le médecin-général Valérie André a ouvert la voie aux femmes dans l'armée de l'air par son courage en Indochine, je voudrais tracer le chemin des Françaises vers l'espace.

Pour cela, il faut vivre et s'entraîner comme les autres, hommes ou femmes. Claudie doit encore découvrir les joies du stage de survie afin d'être capable d'attendre les secours deux ou trois jours si on atterrit en pleine Sibérie. Pour l'entraînement, on ne va pas si loin, on se contente de la forêt qui se trouve derrière la Cité des Étoiles. Les trois cosmonautes y passent quarante-huit heures, totalement isolés, avec l'équipement de survie qui se trouve à bord du Soyouz, de l'eau, de la nourriture lyophilisée, des allumettes qui fonctionnent même si elles sont mouillées, des médicaments d'urgence, un couteau transformable, une hache pour abattre des arbres si besoin, un pistolet qui peut s'avérer utile si vous avez la visite d'un ours, une canne à pêche, des fusées de détresse, une boussole, un émetteur radio, un sifflet et quelques vêtements. La plupart du temps, ce stage devient une véritable partie de plaisir où l'on s'amuse beaucoup. On se construit une tente avec son parachute et on passe la soirée à blaguer autour du feu... quand les copains ne débarquent pas à l'improviste avec de la vodka pour une partie de brochettes !

J –30

Tous ces entraînements se concluent, en juin, un mois avant le vol, par des examens et des expertises médicales. Ces dernières sont sans doute l'élément le plus pénible à supporter car elles poussent la perfection jusqu'à la maniaquerie. On n'hésitera pas à arracher une dent, déjà soignée, sous prétexte qu'elle pourrait infecter les autres ! D'où les sourires édentés de nombreux cosmonautes russes...

> C'est ce qui est arrivé aussi à Jean-Pierre et cela ne me tente pas du tout, explique Claudie. Par précaution, je préfère retourner à Paris consulter mon dentiste qui vérifie lui-même si tout va bien et peut m'éviter ce genre de désagréments. A la veille du vol, c'est certainement l'aspect le plus stressant, car on est toujours à la merci du petit quelque chose que les médecins vont pouvoir dénicher. Alors, on est obligé de faire extrêmement attention à soi, on n'ose plus faire le moindre sport un peu téméraire, même jouer au tennis, de peur de se fouler la cheville, on évite de se fatiguer, on n'obéit plus qu'à une seule obsession : être en forme pour le départ.

Cette angoisse, tous les cosmonautes la connaissent, redoutant le moindre petit mal de gorge ou le plus petit bobo qui peut tourner au drame. La grande visite annuelle dure dix jours et réunit soixante spécialistes, neurologues, ophtalmologues, stomatologues, chirurgiens, oto-rhino-laryngologistes, psychologues, qui accordent un « bon de vol » médical. D'autres contrôles s'effectuent très régulièrement, une cinquantaine en deux ans, plus ou moins bien acceptés. Jean-Loup Chrétien, un peu agacé par ces médecins qui ne cessaient de lui tourner autour, s'est amusé, un jour, à simuler un malaise pour voir leurs réactions. A la Cité des Étoiles, on en parle encore et la plaisanterie n'a pas été du goût de tout le monde !

On ne badine pas avec le spatial. L'ambiance est très scolaire, et la discipline obligatoire ! L'entraînement est rythmé par des examens dont le dernier, très important, dure trois jours. La cérémonie, très protocolaire, réunit les dignitaires et les cosmonautes en grande tenue. Le commandant de bord tire une enveloppe où sont écrites les différentes épreuves d'un programme chargé. La première journée se passe dans le Soyouz pour simuler décollage, mise en orbite, manœuvres de phasage et arrimage, avec, bien sûr, une panne tous les quarts d'heure.

> C'est un examen très éprouvant, reconnaît la cosmonaute, car vous passez de surprise en surprise et de piège en piège tandis qu'une quarantaine d'examinateurs vous regardent, scrutent la moindre de vos réactions, notent le plus petit détail pour tester votre sang-froid. L'effort est intense et on se souvient tous de cette équipe qui a tiré une enveloppe sans aucune panne. C'était pire ! Persuadés qu'on les attendait au tournant, les trois compères ont passé leur journée à guetter le moindre signe, sans rien voir venir, et sont ressortis... sur les genoux !

La deuxième journée se passe dans la station à revoir le programme expérimental, les activités techniques et à simuler quelques problèmes, puis la troisième journée se déroule à nouveau dans le Soyouz pour le désarrimage, l'impulsion de freinage et l'atterrissage. Si tout n'est pas absolument parfait, les examinateurs peuvent imposer des cessions de rattrapage. Tout sera à nouveau vérifié, quarante-huit heures avant le vol, lors de l'ultime contrôle où l'on vérifie une dernière fois la fusée, l'équipage et l'aspect médical.

> A priori évident, tout se passe toujours bien, mais un cosmonaute a failli ne pas partir au dernier moment car il s'était blessé en jouant au tennis et la plaie ne cicatrisait pas assez vite, se souvient Claudie. On ne sait jamais, jusqu'au dernier moment... Avant de partir, la tradition veut que l'on aille passer une semaine de vacances en famille à Rouza, le Club Med' russe, pour un repos bien mérité. Puis vient le grand moment, celui du départ à Baïkonour. C'est une cérémonie simple et particulièrement émouvante, qui se déroule toujours de la même façon. Le petit déjeuner est particulièrement touchant. Tous les cosmonautes de la Cité sont là pour souhaiter un bon voyage à ceux qui partent. Ces derniers viennent avec leur famille et on porte des toasts à la vodka, on se fait des discours, on s'encourage, on se remercie dans cette atmosphère slave, toujours prête aux états d'âme romantiques. C'est un événement important dans la vie du cosmonaute, fait d'amitié et de solidarité. Les Russes ont un sens du protocolaire qui donne beaucoup de sentiments à une aventure finalement très froide et scientifique.

Le rite ne souffrirait aucune modification. D'année en année, le moindre détail se perpétue. Au jour J-16, les cosmonautes vont saluer les héros de l'histoire spatiale russe au musée de la Cité des Étoiles avant d'aller se recueillir dans le bureau de Gagarine. Puis ils vont rendre hommage aux héros de l'espace dont les cendres sont scellées dans la muraille du Kremlin. Sur la place Rouge, journalistes et officiels leur font leurs adieux, sous les crépitements des photographes. Le lendemain, ils se retrouvent pour le fameux petit déjeuner-banquet, de 8 heures à 9 heures. Après moult embrassades et verres de vodka vidés d'un trait, tout ce petit monde part, très gaiement, à pied puis en autobus, pour prendre son avion. Ne vous inquiétez pas, ô foules raisonnables, tout a été prévu : la marche pour digérer toutes ces émotions et prendre l'air, suivie d'une petite sieste réparatrice dans l'avion. Ils seront en pleine forme à l'arrivée ! Débarqués à l'aérodrome, ils prennent un bus et traversent le Kazakhstan, un désert de cailloux aux portes de la Sibérie, plat, parsemé de rares herbes brûlées par le soleil de l'été et par le givre de l'hiver, d'où émergent juste des poteaux télégraphiques, des tulipes sauvages au printemps et des chèvres menées par quelques bergers nomades. Au bout de cette route d'un autre monde se trouve Leninsk, cité-dortoir qui abrite soixante mille ouvriers et ingénieurs avec leur famille, loin de tout, à l'abri des regards concurrents.

Leninsk, ses musées, ses tulipes

Construite dans le plus grand secret en 1955 en pleine guerre froide – son nom n'a jamais figuré sur les cartes de l'ex-URSS – par des centaines d'hommes qui ont connu la soif, la solitude, les tempêtes de sable, l'invasion des rongeurs et l'hiver, sous la tente à – 30°, Leninsk est l'emblème de la victoire de l'homme sur la nature, comme le raconte Jacques Villain dans *Baïkonour, la porte des étoiles* (SEP-Armand Colin). En quelques mois, on a édifié une ville qui n'existait pas, avec ses voies ferrées, routes, canalisations, lignes électriques, scierie, usines, en fredonnant le « chant des bâtisseurs de Baïkonour » :

Au-dessus de la steppe s'étend le ciel bleu
Le ciel bleu, le ciel bleu
Au loin est notre chère Moscou
Le cœur de notre Patrie-Moscou

A travers Leninsk nous marchons très fiers.
Nous avons ouvert une voie vers l'Univers.
Tout sur ce terrain
Est l'œuvre de nos mains.
Les flèches de nos grues s'élancent vers les nuées [1].

Aujourd'hui, Leninsk est un ensemble de cubes empilés et d'avenues démesurément larges, avec sa grande place principale où trône toujours Lénine et son grand parc « Soldatski » planté de peupliers et d'acacias, à grands coups d'irrigations, pour rappeler de tendres souvenirs aux habitants dont la plupart viennent de Russie centrale et qui ont quitté leurs forêts pour la steppe. Elle représente la ville modèle, moderne et efficace comme une usine, avec le nécessaire pour rendre les hommes heureux, écoles, cinéma et salles de sport ; a-t-on besoin d'autres choses dans l'existence ? *Niet !* Leninsk est surtout une ville symbole qui a formé trois générations de futurs cosmonautes dans sa faculté Voskhod et qui contient le plus d'hommages aux victoires spatiales du pays. Pas un détour de rue ou un mur sans une

1. Paroles de I. Morozov et A. Lebedinski. Musique de A. Lebedinski.

statue ou une plaque commémorative. Ici, même les toboggans pour les enfants ont des formes de fusées !

Mais, de nos jours, dans la ville du spatial, le téléphone ne fonctionne même plus ou si rarement ! Entre difficultés économiques et affrontements avec les Kazakhs qui se révoltent contre la présence des Russes, la vie devient de plus en plus insupportable. Le tiers des habitants a déjà quitté la ville et plus rien n'est comme avant... En 1993, sur les bords de la Moskova, on a ouvert un Luna Park à la russe et installé une guinguette dans un des exemplaires de la navette Bourane...

Depuis 1982, les étrangers de passage sont tolérés dans la ville, parqués dans des hôtels inconfortables et menés tambour battant par des militaires qui ne leur montrent que ce qu'ils veulent quand ils le jugent opportun. Chute du mur de Berlin ou non, la tradition soviétique perdure : mystère, langue de bois et rites immuables.

Les cosmonautes vont passer quinze jours dans un des endroits les plus sophistiqués de la ville, l'hôtel Cosmonaute, pour finir leur programme : tabouret tournant, tables orthostatiques, sauna, piscine... Totalement isolés afin d'éviter les problèmes viraux, notamment l'hépatite ou le choléra qui sévissent dans la région, ils n'ont pas droit à la pêche, au tennis et à tout ce qui pourrait provoquer une chute ou un accident. Tout est mis en œuvre pour éviter les passages à vide, les angoisses de dernière minute. On organise des réunions, on autorise les amis à venir faire une petite visite derrière la vitre. Rien à voir, une fois de plus, avec la méthode américaine qui laisse ses astronautes vivre chez eux jusqu'au dernier moment. Pour les Russes, il ne faut pas s'encombrer de problèmes quotidiens, mais se sentir protégés dans une bulle, chouchoutés par une équipe dont le travail consiste à traquer vos moindres soucis.

> Ce séjour est très agréable explique Claudie, et, là encore, empreint d'attentions touchantes et de traditions, comme la chambre 3 qui vous est attribuée, en tant que cosmonaute étranger suppléant, et dont la porte est recouverte des noms de tous ceux qui sont venus y dormir. Ces quinze jours sont très importants parce que tout se passe si vite auparavant qu'on n'a pas le temps de réaliser ce qui nous arrive. Surtout pour moi qui avais eu une préparation particulièrement rapide, avec dix-huit mois concentrés en neuf, j'avais vraiment besoin de me poser, de me concentrer, de prendre du recul sur les choses. Jusqu'au dernier jour, il peut survenir un problème à l'équipage titulaire et vous partez ! De toute façon, même si vous restez, il se passe tellement de moments forts que vous avez, vous aussi, besoin de vous retrouver avec vous-même.

La veille du départ, les équipages tiennent une conférence de presse derrière une vitre protectrice qui ne sert pas à grand-chose puisque les journalistes les retrouveront ensuite au bord de la piscine, mais chut !... Le soir, ils regardent, comme le veut la tradition depuis Gagarine, le film *Le Soleil blanc de la steppe* qui raconte l'épopée d'un soldat traversant le désert du Sud-Est en pleine révolution. C'est aussi le bon moment pour faire des blagues et se détendre, s'affubler de chapeaux mousquetaires par-dessus les scaphandres comme l'ont fait Michel Tognini et ses coéquipiers en 1992. C'est le dernier jour, on a bien le droit de rire un peu !

1er juillet 1993 : Grand départ

Le lendemain, le jour J, le rite continue, immuable : lever à 7 h 30, visite médicale, petit déjeuner avec toasts au champagne et pause. Tout le monde doit s'asseoir durant quelques minutes, sous peine de porter malheur à l'équipage. Ensuite, chacun ira finir de ranger sa chambre et signera au feutre sa porte avant de monter dans le car avec médecins et techniciens.

On traverse une zone industrielle dont la plupart des ateliers sont installés sous terre pour plus de discrétion puis trente kilomètres dans la steppe en longeant la voie ferrée. Pour se distraire, on regarde un film, diffusé sur un écran-vidéo, qui retrace les meilleurs moments de l'entraînement et des témoignages d'amitié des proches et de la famille. Quand, enfin, on arrive à Baïkonour ! Lieu mythique, qui a connu tous les exploits et les grandes premières, premier satellite, premier homme dans l'espace, première femme ou premières photos de la face cachée de la Lune, Baïkonour est un complexe fascinant et gigantesque qui s'étend sur 6 717 kilomètres carrés ! Quinze pas de tir, d'immenses halls qui abritent des fusées dignes de Tintin, des centres d'essais spatiaux, une centrale électrique, un aérodrome, une usine de production d'oxygène liquide et d'azote... extraordinaires installations construites elles aussi dans le plus grand secret, dans ce désert loin de tout et aux parfaites conditions d'observation optique. On l'a appelé Baïkonour, du nom d'une petite ville située à trois cent soixante-dix kilomètres de là, plaçant même de faux panneaux indicateurs sur la route pour leurrer l'ennemi ! Depuis 1991, on peut l'appeler comme il se doit « Tioura-Tam », bien qu'on ne change pas des habitudes aussi facilement.

Mais ce lieu emblématique est lui aussi menacé aujourd'hui par les fluctuations de la politique, car les nouvelles autorités du Kazakhstan se sont fait prier pour céder ce bout de terrain. Si officiellement les Russes sont encore chez eux, des rackets de kérosène et des problèmes de sécurité leur rappellent que ces accords restent bien fragiles. Prévoyants, ils ont déjà commencé à équiper la base de Plesetsk, près des rives de l'Arctique, d'un pas de tir pour Soyouz et à construire la nouvelle base de Svobodny, près de la frontière chinoise. Le problème est d'autant plus crucial qu'il devient difficile, de nos jours, d'attirer des ingénieurs dans ce désert où il fait jusqu'à – 40° l'hiver et + 45° l'été pour un salaire de cinq cents à six cents francs par mois ! A ce tarif-là, les jeunes diplômés préfèrent faire du commerce de K7 vidéo avec l'Allemagne que d'élaborer les fusées de l'an 2000. Déjà, on chantait il y a longtemps dans les rangs de l'Armée rouge : « En Russie, il y a un cul. Son nom : le Kazakhstan. Et dans ce cul, il y a un trou que l'on appelle Baïkonour. »

Mais à l'époque, on n'avait pas le choix. Aujourd'hui, ils sont de moins en moins nombreux à s'émouvoir devant les portraits de Gagarine qui décorent les ateliers de construction avec de beaux slogans « L'espace fut, est et sera russe ». D'accord... mais combien tu payes ?

C'est dans le MIK, un hall de cent mètres de longueur et quarante-cinq mètres de hauteur, que sont répandus un peu partout les différentes pièces du lanceur qui vont emporter les cosmonautes. On pourrait s'étonner du désordre apparent mais il suffira de quelques heures pour rassembler ces éléments. Alors que les Américains travaillent à la verticale, en empilant les structures les unes au-dessus des autres, les Russes préfèrent la méthode horizontale, en couchant la fusée sur un immense rail pour éviter les problèmes d'ordre climatique, vent, sable, froid. A J-2, on a transporté le lanceur vers le pas de tir, suivant lui aussi toute une série de coutumes qui obéissent à des superstitions très précises. On précède le lanceur en marchant sur les traverses de la voie ferrée, comme à l'époque de Gagarine quand il n'y avait pas de voiture pour tout le monde. Il faut aussi garder en souvenir une pièce de monnaie écrasée sur le rail par le véhicule qui porte la fusée. Par contre, les cosmonautes ne doivent surtout pas assister au transfert de leur propre lanceur, cela leur porterait malheur ! Au contraire, il est très bien vu que les équipes de préparation aillent faire pipi sur la plate-forme de tir, qu'elles ne portent que des vêtements usagés et qu'elles lancent leurs casquettes en l'air au moment du décollage. Et le pauvre Korolev doit fulminer dans sa tombe en imaginant l'arrivée de Claudie, lui qui interdisait formellement la présence des femmes sous prétexte de conjurer le sort ! Ni femmes, ni alcool ! Korolev avait imposé la « loi sèche » pour forcer les Russes à garder une certaine sobriété. Un règlement qui fut pourtant bafoué le 4 octobre 1959 quand Luna 3 réussit à prendre les premières photographies de la face cachée de la Lune. Un producteur français de champagne avait promis une caisse entière au premier qui réaliserait un tel exploit. Au grand étonnement de tous, Korolev sabra une bouteille en déclarant : « Tout le monde sait que, pour un Français, tenir une promesse est une question d'honneur. Voilà pourquoi vous avez du champagne ce soir ! »

Revenons – à jeun – sur notre pas de tir, une

énorme dalle de béton d'une centaine de mètres de longueur sur cinquante mètres de largeur. On a installé le lanceur en son centre, au-dessus d'un grand trou carré, grâce à quatre énormes bras métalliques. Ce n'est qu'au dernier moment, pour ne prendre aucun risque, qu'on l'a hissé vers le ciel.

Pendant ce temps-là, nos cosmonautes sont allés dans le MIK prendre un second petit déjeuner, subir un ultime contrôle médical – on ne sait jamais, un p'tit rhume ! – et revêtir leur scaphandre. Après une dernière conférence de presse, ils partent, leur ventilateur-climatiseur à la main, pour écouter un petit discours devant un mur où est inscrit : « La route des étoiles est ouverte. » Puis, ils montent dans un bus bleu et blanc pour rejoindre eux aussi le pas de tir. Le véhicule s'arrête à mi-chemin pour le dernier petit pipi, rituel lui aussi, suivant l'exemple de Gagarine, sur la roue avant droite ou dans le buisson d'à côté pour les filles, et on se retrouve au pied de Soyouz ! La fusée la plus utilisée au monde, créée au début des années 60, superbe, le long de ses 49 mètres de hauteur et de ses 310 tonnes, tout prêt, à sept cents mètres de là. On est au premier rang ! Et on ne s'en prive pas...

Alors que la NASA isole les cosmonautes pour qu'ils se concentrent au maximum au dernier moment, on vient ici les soutenir, les épauler, les rassurer, leur dire qu'on les aime. Quand Jean-Pierre Haigneré sort de l'autobus, il a la surprise de trouver une centaine de personnes, sa famille, ses amis, des dignitaires et des journalistes, tous qui l'accompagnent à pied, l'encouragent une dernière fois, lui glissent discrètement dans sa poche ventrale un bout de lard et trois tomates pour porter, tout là-haut, un toast à la santé des hommes restés sur terre. Oh, ce n'est pas très réglementaire, mais personne n'empêcherait un tel signe d'amitié. C'est Gueorgui Mikhaïlovitch qui le premier emporta en cachette une flasque de cognac avec la ferme intention d'arroser son arrivée au septième ciel ! Mais, dans la station, ils ne sont pas parvenus à boire, ils ont eu beau taper dessus, presser, s'énerver, rien à faire ! Ils la laissèrent et, de retour à terre, souhaitèrent bonne chance à l'équipe suivante, qui se garda bien de les dénoncer. Quand celle-ci revint, Mikhaïlovitch se précipita : « Alors, comment êtes-vous parvenus à boire le cognac ? – Oh, pour ça, il n'y a pas besoin d'une grande instruction, il suffit d'un peu d'imagination. » Vexant... La solution trouvée était sans doute la plus originale : un cosmonaute tète au goulot tandis qu'un autre lui frappe gaillardement la nuque pour faire descendre la gorgée dans le gosier. Ça, c'est une boisson d'hommes, de purs et durs !

Mais notre trio a la gorge trop serrée pour penser à des beuveries spatiales. Jean-Pierre est complètement concentré sur son départ. Allez ! On gravit les quelques marches qui amènent au fameux ascenseur dont on a tant rêvé. Un dernier baiser, un dernier sourire et, tout d'un coup, comme un cri au loin, un appel. C'est Claudie. Elle est là, à l'écart, dans une robe blanche. Il ne voit qu'elle. Elle lui lance un long regard, un regard qui veut tout dire, un de ces regards que l'on n'oublie jamais.

> En fait, j'avais assez peur, se souvient-il. Pas de partir, au contraire ! J'avais la hantise qu'un accident n'empêche notre envol. Déjà, quand vous faites ce métier, vous donnez tant de vous-même que vous craignez toujours qu'un problème médical ou un événement politique ne change le cours des choses. A l'époque, entre la guerre d'Afghanistan et le putsch contre Gorbatchev, j'avais déjà eu quelques sueurs froides. Mais cela devenait de plus en plus intense au fur et à mesure que le but approchait. Je me souviens

que, lorsque nous venions de nous installer dans le Soyouz, il y a eu une panne d'électricité et l'ingénieur nous a dit : « Attention, on risque d'être éjectés ! » Et tout de suite je me suis dit qu'il fallait que je fasse attention à bien amortir le choc pour être en état de partir un ou deux mois après. Mais, surtout, j'ai eu une vraie frousse car je n'arrivais pas à rentrer dans la capsule. Et ça, je ne m'y attendais pas !

Il va lui falloir, en effet, quelques minutes d'efforts à se plier en huit, à gigoter, à tenter de faire oublier son mètre quatre-vingt-trois pour finir par s'asseoir, enfin ! Il s'était pourtant installé des dizaines de fois, en scaphandre, dans le simulateur, mais, cette fois-ci, le vaisseau était plein à craquer : sacs, instruments, nourriture prennent beaucoup de place. C'est d'ailleurs un problème pour les Américains, généralement grands, qui ne peuvent pas toujours se faufiler dans un Soyouz conçu pour des Russes plus petits. Or le vaisseau servira de véhicule de secours pour la station internationale Alpha et participera à sa construction, alors qu'on sait déjà que 50 pour cent des quatre-vingt-huit astronautes américains actuels ne pourront y entrer. Déjà, en octobre 1995, Scott Parazynski, 1,88 mètre a dû repartir chez lui après quatre mois d'entraînement à la Cité des Étoiles. Content... Tout est calculé au millimètre près, et les canons russes imposent une taille idéale entre 1,64 et 1,83 mètre – sachant qu'en vol de longue durée on peut prendre quatre à cinq centimètres à cause de l'allongement de la colonne vertébrale – et un tour de poitrine de 96,5 à 112 centimètres pour bien remplir sa combinaison. Mais les critères sont plus nuancés : le plus important concerne la taille entre les épaules et le bassin et celle des jambes. Une petite longueur de cuisse peut tout sauver, comme quoi, il vaut mieux être court sur pattes dans certaines circonstances ! La NASA suivait à ses débuts les mêmes règlements, oubliés progressivement dès que les grandes navettes ont remplacé les capsules étriquées. Elle tente actuellement de convaincre les Russes d'agrandir le Soyouz, ce qui semble peu probable. Faute de quoi, la moitié de ses astronautes ne pourront participer aux missions internationales de demain.

Heureusement cette horrible perspective ne concerne pas Jean-Pierre qui est maintenant bien installé à sa place, calé sur son siège, recroquevillé, les genoux au menton, avec juste ce qu'il faut d'espace pour respirer... Un vrai bonheur ! Certains cosmonautes, redoutant cette position, se calent un livre sur les genoux pour se protéger des chocs. Il est bien évident que, pour supporter cette délicate posture, mieux vaut ne pas avoir quelques bourrelets en trop. Quatre-vingt-cinq kilos maximum sur la balance ! On se souvient de ce Russe qui avait grossi après son premier vol et n'a jamais pu repartir, incapable de tenir un régime œuf dur-salade. Notre équipe, elle, est élancée, svelte et prête ! Quelques minutes plus tard, qui semblent des heures avec un compte à rebours interminable, la fusée s'ébranle.

> Avec le caractère russe, raconte Claudie, le départ est un moment incroyablement fort. Pour les Slaves, on peut être sensible et « pro » à la fois. Ils ne se cachent pas, comme nous, derrière une carapace de froideur, de dignité. A Houston, quand une fusée décolle, vous entendez les mouches voler au centre de contrôle. Tout le monde se tait, suspendu aux images des écrans et aux secondes qui passent. A Baïkonour, on s'épanche volontiers, par petits groupes, discrètement pour ne pas gêner les autres, mais on n'hésite pas à couler une larme, tout en faisant parfaitement son travail. J'avoue avoir été terriblement émue en voyant partir Jean-Pierre, je pleurais, et tous les généraux dans leurs beaux uniformes venaient me conso-

ler : « Allez, ne t'inquiète pas, il va revenir ! » Ici, l'émotion est toujours au rendez-vous. L'ambiance durant le vol de Jean-Pierre a aussi été formidable. Nous vivions tous quotidiennement avec l'équipage. Toutes les quatre-vingt-dix minutes, une communication d'un quart d'heure avec les cosmonautes permet de faire le point. Durant ces trois semaines, Jean-Pierre avait un programme très chargé. Il fallait qu'il travaille beaucoup et, à la fin du séjour, on le sentait un peu nerveux, fatigué. Le 14 juillet, il devait parler en direct à François Mitterrand, tout était prêt, mais une heure avant, l'Élysée a décommandé. Il était tellement déçu qu'en trois quarts d'heure, juste avant la liaison prévue, on lui a préparé une petite fête avec deux camarades. On s'est habillé en cosmonautes et on a fait tout un show, transmis sur écran vidéo, pour imiter leur vie sur Mir. On avait suspendu des bouteilles à des fils et on basculait les jambes en l'air pour simuler la microgravité et c'était assez drôle. L'équipage a adoré, ils ont beaucoup ri et on a senti que le message était passé : courage, on est avec vous !

La vie en orbite : c'est la galère spatiale !

Le séjour dans la station est en effet éprouvant. Au départ, on sait qu'il faut éviter le mal de l'espace, ne pas trop bouger la tête, ne pas faire de gestes trop brusques pour s'y habituer progressivement. En arrivant, on fait la fête avec les trois occupants qui sont là depuis longtemps, parfois des mois sans avoir vu personne. La tradition veut qu'on leur offre du sel et du pain, puis on s'installe pour trinquer avec un petit gueuleton ! Ensuite, on va apprendre à se repérer dans ce désordre effrayant, dont on a pourtant appris le moindre recoin lors de l'entraînement. Mieux vaut ne pas être du genre maniaque ! Il faut du temps pour s'y retrouver dans ce bric-à-brac. Puis la vie va suivre son cours, réglée comme du papier à musique par un plan de vol appelé « cyclogramme », qui indique minute par minute le menu du jour, lever, toilette, repas, expériences, contrôles médicaux, gymnastique, prise de vues, loisirs... Des activités orchestrées et surveillées de très près par les ingénieurs et les scientifiques qui se relaient vingt-quatre heures sur vingt-quatre au TSOUP, le Centre de contrôle de Kaliningrad, et au CADMOS, le Centre de suivi des opérations spatiales de Toulouse. La durée de l'orbite de la station est de quatre-vingt-dix minutes et permet une liaison de vingt minutes, radio ou vidéo, avec la Terre toutes les soixante-dix minutes. On y parle boulot, santé et... moral ! Car les habitants de cette drôle de « caravane au milieu des étoiles », selon l'expression de Patrick Baudry, se fatiguent vite. Nausées, vertiges, vomissements, le mal de l'espace se rappelle à leur bon souvenir. Pour se reposer, leur programme prévoit des nuits de neuf heures, mais ils sont trop occupés pour dormir plus de cinq ou six heures. Les choses se passent plus lentement que prévues parce que tout est plus compliqué, se laver, manger, dormir.

L'homme de l'espace idéal devrait être chauve et imberbe, avoir six bras et une jambe, comme l'explique Pierre Kohler dans *Les Grandes Heures des conquérants de l'espace*. Ce jeune premier n'aurait pas besoin de se raser, opération périlleuse, surtout qu'on s'est aperçu qu'après quelques semaines les poils poussaient plus vite. Mon Dieu, arriverons-nous sur Mars velus comme les habitants de la planète des singes ? Quant aux séances de coiffeur, c'est à s'arracher les cheveux ! Il faut, mutuellement, se couper les mèches une par une, en les aspirant aussitôt à l'aide d'un miniaspirateur pour qu'ils n'aillent pas se fourrer dans des endroits délicats et créer une panne. Il faudrait aussi six bras pour mieux s'agripper aux parois et une seule jambe car l'autre ne sert vraiment à rien, si ce n'est à vous embarrasser et à vous obliger à faire de la gymnastique ! Les lieux sont étriqués, les parois recouvertes d'instruments délicats, comme une chambre minuscule bourrée de fils, de boutons et de sacs où l'on vivrait à six. Tous les « débutants » ont tendance à faire de grands mouvements de natation alors qu'il faut surtout doser sa force, faire des gestes lents et précis, pour ne pas foncer dans le mur ! La moindre maladresse peut tourner au drame, et si, par exemple, on laisse échapper une K7 sur laquelle on travaille, on met dix minutes à la rattraper après une course-poursuite, un coup de pied à son commandant de bord – c'est du plus mauvais effet ! – et un accrochage de tuyaux... Un éléphant dans un magasin de porcelaine ! Jean-Loup Chrétien a raconté cette séance digne d'un film comique où ils se sont retrouvés à cinq cosmonautes, ayant chacun perdu quelque chose. Tout le monde se croisait, s'entremêlait dans tous les sens. « T'aurais pas vu ma brosse à dents ?... » « Tiens, un boulon !... » « Mais qu'est-ce que j'ai bien pu faire de mon appareil photo ?... » Heureusement qu'il y a des filtres de pompes d'aspiration dans lesquelles « atterrissent » tous les objets qui traînent !

S'il est un domaine important mais encore mal connu, c'est bien l'agencement de ces stations orbitales. Permettre à l'homme de s'adapter à ces conditions de vie bizarre est un véritable défi pour cette nouvelle spécialité, l'architecture spatiale. Il faut réduire le bruit grâce à certains revêtements, et, surtout, garder l'illusion d'un monde vertical avec des repères : des couleurs dont on a l'habitude, plancher marron, plafond blanc et murs verts, des matériaux qui indiquent un « haut » et un « bas », des meubles comme la chaise sur laquelle le cosmonaute mange, dont il n'a absolument pas besoin mais qui lui donnera un meilleur appétit en respectant ses habitudes de terrien. Le moindre détail peut devenir gênant. Ainsi, sur Skylab, les astronautes se plaignaient de ne pas avoir assez de place pour leur repas et de ne pouvoir quitter leur place sans déranger tout le monde. Les architectes s'en sont étonnés, car ils avaient prévu que chacun puisse se dégager en s'envolant par-dessus la table sans importuner les voisins, mais c'était sans compter sur la susceptibilité de certains qui trouvaient extrêmement grossier d'avoir les copains en train de planer au-dessus de leur tête quand ils dégustaient leur rôti aux épinards ! La vie n'est faite que de petits détails... Et si les Américains soignent la nourriture, offrant même du fromage de chèvre aux astronautes français, les Russes vous nourrissent de façon fonctionnelle et ennuyeuse ! Oh ! bien sûr, quelques verres de vodka et quelques cigarettes passent discrètement de temps en temps pour donner des airs de fête au quotidien, tout le monde le sait mais on préfère fermer les yeux sur ces petites incartades, alors n'en parlez à personne...

Il faut aussi soigner particulièrement le coin gymnastique, la corvée de deux heures à courir sur un tapis roulant ou à pédaler sur un rameur, chaque jour, n'est guère réjouissante ! Musique, lumière agréable, hublot pour admirer le paysage, tous les éléments doivent faire oublier l'ennui, la fatigue et le bruit. Le bruit... Ça n'arrête pas ! Entre les machines et le flot de consignes qui vient de Terre, on finit par avoir une tête comme une pastèque, et l'équipe de Skylab a créé un jour une véritable panique à la NASA en coupant carrément toutes les liaisons pendant plus d'une heure, simplement... pour souffler un peu !

Les meilleurs tempéraments se fatiguent vite. Ils travaillent tous beaucoup et dorment peu, car il est difficile de se reposer réellement sans trouver appui quelque part, juste accroché par une bande velcro. Exception faite pour ceux qui ont mal au dos. Les statistiques montrent qu'ils n'ont plus aucune douleur le temps de leur mission, ce qui leur procure un certain repos. D'après une étude sur les astronautes de Spacelab, la durée de la première phase, le sommeil paradoxal, double et se caractérise par des mouvements oculaires très importants, signe d'une agitation intense. On ne se repose pas vraiment et le moral s'en ressent.

> A la fin de la mission, constate Jean-Pierre, j'étais assez content de rentrer. Après trois semaines de travail intensif j'avais un peu la nostalgie de la Terre. J'avais besoin de communiquer dans ma langue maternelle, pour mieux trouver les mots qui décrivent les émotions intenses que j'avais connues. Bien sûr, je voulais aussi partager tout cela avec Claudie qui avait franchi toutes les étapes du vol sans en connaître la joie de l'accomplissement final. Nous avions mis au point un code pour nous comprendre sans interférer avec les informations de service. Mais c'était beaucoup trop simpliste pour décrire une aventure telle que celle que j'avais vécue dans l'espace. Avant de partir; j'ai tenu à lui écrire une lettre qu'elle retrouverait trois ans plus tard lors de son propre vol, déjà programmé. Je voulais qu'elle puisse, avec le décalage, comparer ses propres émotions avec celles que j'avais ressenties en pensant à elle, les yeux perdus dans le Cosmos. Je dois dire, inconscient ou pas, que je n'avais pas peur de l'épreuve du temps, tant notre passion me paraissait forte, un peu comme la lumière des étoiles, simple et inaltérable. J'ai caché la lettre dans un endroit de la station où elle seule pourrait la trouver.

Vue de l'espace, la Terre est un spectacle très exotique, constitué d'un mélange de formes à la fois connues et étranges car faisant penser à tout autre chose que la géographie. Le spectacle est toujours grandiose et jamais répétitif. Toutes les nuances de couleurs, des plus vives aux ocres les plus nuancés s'offrent au regard du voyageur du Cosmos, constituant un terrain propice au rêve et aux sentiments épicuriens. La musique sublime encore l'impression de grandeur incommensurable des moments exceptionnels que l'on vit. L'émotion est souvent à fleur de peau, à fleur des larmes. Rien de très naturel dans tout cela, rien qui puisse se rattacher à des références connues, rien qui rappelle autre chose que de vagues perceptions oniriques. Et pourtant c'est bien notre bonne vieille Terre qui est là avec ses hommes, ses arbres, ses misères. Toutes choses invisibles à 400 kilomètres d'altitude, mais bien perceptibles à l'observateur terrien. C'est ainsi que les cosmonautes attrapent le mal de la Terre, soudain frappés du désir de l'ombre d'un tilleul ou d'un baiser tendre.

Je n'avais pas emporté de livre à bord, car pas une minute je ne voulais m'échapper à la conscience du rêve que je vivais. La lecture, dans ces circonstances est une évasion, de quoi aurais-je souhaité m'évader ? Après toutes ces sensations, j'étais très désireux de vivre l'expérience très excitante du retour sur Terre. L'impulsion de freinage, la rentrée dans l'atmosphère avec le pilotage atmosphérique de la capsule, la traversée du plasma dont les flammes à plusieurs milliers de degrés Calsius lèchent les hublots, l'ouverture de l'énorme parachute de 1 000 mètres carrés, l'impact final sur la planète Terre entre deux yourtes kazakhs, l'étreinte des proches ; tout cela, mes camarades cosmonautes me l'avaient longuement décrit, mais j'avais hâte de le vivre moi-même. Pour un pilote d'essai ce vol depuis Mach 28 jusqu'à l'atterrissage est une expérience fabuleuse.

Maintenant je souhaiterais certes pouvoir retourner dans l'espace, mais surtout pour y faire une sortie extra-véhiculaire, me transformer en piéton de l'espace. Cet espèce de « vol libre du Cosmos », débarrassé de tout média hormis le scaphandre, est une sorte de marche suivante sur l'échelle de l'aventure personnelle. Je pense sincèrement que se fixer un but comme celui-là est une nécessité vitale quand on a été éclaboussé du bonheur unique que procure la réalisation d'un rêve fou.

On redescend sur Terre

Le jour du retour, après avoir passé des heures à ranger ses affaires, dans ce capharnaüm invraisemblable qu'est devenue la villa cosmique, l'équipage s'installe à bord du vaisseau avec les quelques matériels qu'il peut remporter sur terre. Il faut alors s'attaquer au problème délicat de l'équilibrage du module de descente : chaque objet ramené trouve sa position, à un millimètre près en fonction des calculs de l'ordinateur. On a même vu, lors du vol Soyouz TM 15, les cosmonautes obligés de couper une longue pellicule de photo en deux morceaux pour les fixer en deux endroits différents afin de mieux respecter la stabilité de leur véhicule ! On procède ensuite au « désarrimage », pour quitter la station, et on donne une sorte de coup de frein brusque du moteur. La chute commence alors vers la Terre qui se rapproche de plus en plus vite. Au bout de vingt minutes environ, on rencontre l'atmosphère, on aperçoit le bleu intense du plasma à travers le hublot et c'est le choc ! De fortes décélérations se succèdent aussi violentes qu'au décollage, le plasma s'assombrit, se transforme en flammes, avec une fumée qui noircit les hublots. On est à nouveau collé à son siège comme une crêpe, les dents serrées durant une dizaine de minutes. Puis, tout d'un coup, le calme revient. C'est la descente en parachute, qui dure environ un quart d'heure, et l'atterrissage dans le désert du Kazakhstan, qui se passe généralement bien, à part les deux accidents tragiques de 1967 et 1971. Le premier vaisseau s'est écrasé sur le sol après la mise en torche de son parachute. Quant au second, son équipage a été asphyxié par une dépressurisation.

Ne parlons pas de malheurs. Quand ce drôle d'ovni se pose normalement et sans accident, des centaines de paysans arrivent brusquement de toutes parts, à pied, à dos d'âne, en tracteur ou en vélo. Ils ont été prévenus par la radio et se précipitent aux hublots pour regarder ces gens tombés du ciel, tandis que les hélicoptères et toute l'équipe de médecins et d'ingénieurs débarquent. C'est le choc des cultures, avec une joie parfois difficile à contenir. Tout le monde crie, on applaudit les héros qui signent – coutume oblige – à la craie blanche la paroi calcinée de leur vaisseau avant de partir, soutenus par des médecins, pour faire un premier bilan.

Parfois, bien sûr, on atterrit en plein désert et il faut attendre que les secours arrivent. Alexis Leonov et Pavel Belyaev s'étaient ainsi retrouvés à quelques milliers de kilomètres du lieu prévu à cause d'une panne qui avait déréglé le pilotage automatique, dans les montagnes, à l'extrême est de l'Union soviétique. La capsule était tombée dans un arbre, retenue par les branches, avec des bruits bizarres un peu partout et des loups, juste en dessous, qui se léchaient les babines à l'idée de cette chair fraîche tombée du ciel. Ouaouh-ouh-ouh... Et, comme cela arrive toujours dans les films, et parfois dans la réalité, la météo était suffisamment mauvaise pour que les sauveteurs n'arrivent que quarante-huit heures après !

Une fois rentrés à Leninsk en hélicoptère on remettra à nos héros la clef, et ses deux doubles, qui a permis la mise à feu des moteurs du lanceur, en guise de souvenir. Quelques mois plus tard, on sacrifiera à la tradition, en allant planter un Karabach, l'arbre du désert, dans le parc de l'hôtel Cosmonaute, le long de la grande allée des « autographes vivants », selon le terme de Gagarine, où, déjà, les arbres se succèdent, par taille décroissante, symbolisant l'histoire spatiale soviétique.

La mission Altaïr s'est bien passée. Bravo à tous ! Claudie et Jean-Pierre repartent main dans la main à Paris pour une année et demi qui va passer très vite. Le CNES annonce rapidement la nouvelle mission française : elle s'appelle Cassiopée, du nom de la reine légendaire d'Éthiopie, mère d'Andromède, qui fut changée en constellation après sa mort, cette constellation que l'on peut voir à côté de la Grande Ourse et qui forme un W. Cassiopée durera seize jours, dont quatorze à bord de la station Mir, prévue le 6 juillet 1996, reportée au 14 août, puis au 17 août par les Russes, pour des raisons techniques. Cosmonaute titulaire, Claudie André-Deshays, et doublure, Léopold Eyharts. Après dix années d'attente, d'efforts, de sacrifices, Claudie voit le bout du tunnel : le grand voyage est proche !

1995 : Départ pour Cassiopée

C'est le 10 janvier au petit matin qu'elle part à Roissy. L'œil un peu rouge et du bleu à l'âme.

> C'est vrai que Jean-Pierre a bouleversé ma façon de vivre. J'ai toujours été habituée à être plutôt seule, enfermée dans mes livres et dans mon univers

> d'études puis de recherche. Je n'ai jamais éprouvé le besoin qu'ont souvent les autres de passer des après-midi à « papoter entre copines », de me confier, de me raconter. Je suis assez introvertie et très indépendante. Avec Jean-Pierre, j'ai découvert brusquement une autre façon de ressentir les émotions. Je me suis alors rendu compte que, jusque-là, j'avais « pris » plus que je n'avais donné, que j'étais restée finalement une petite fille, accompagnée par des amis merveilleux mais qui gardaient un rôle de frère ou de père. Cette fois-ci, je partageais la vie d'un homme, avec des rapports beaucoup plus sains mais très nouveaux pour moi. C'est fabuleux comme l'amour vous transforme, ou plutôt achève de façonner votre personnalité. Aujourd'hui, je me sens plus mûre, plus calme, moins anxieuse. Je suis plus sereine. Mais j'ai besoin de lui sans cesse. Ma vie, c'est mon entraînement et Jean-Pierre.

En attendant qu'il puisse la rejoindre, elle va retrouver cette solitude qu'elle connaît bien, les journées de travail acharné, partagées entre les cours et les soirées dans son appartement de la Cité. Elle est heureuse et se sent si seule... Le petit pincement au cœur passe vite. Comme tous les cosmonautes, elle fait rêver les pilotes de ligne, et l'équipage de cet Airbus A 320 d'Air France qui l'emmène à Moscou l'invite à bord du cockpit pour passer le temps et blaguer. Et, dès l'arrivée, des visages amis l'attendent dans le hall de l'aéroport, Taia Tabakova, chef de projet russe de Cassiopée, et le correspondant de la Cité des Étoiles, Serguev Lobanov. En partant pour le CPK, on longe la route enneigée, on passe devant les enfants qui patinent sur l'étang, les pêcheurs tous sagement assis sur un tabouret devant leur petit trou creusé dans la glace, les petites isbas rouges et vertes encore un peu plus sales que l'an dernier, avec les têtes de cochon que l'on vend sur un cageot posé sur le trottoir et les femmes qui vont chercher l'eau au puits. Plus loin, l'aérodrome de Chkalovski d'où partent les forces armées pour la Tchétchénie... Toute la journée, on entendra vrombir les moteurs d'avion prêts à décoller. Angoisse dehors, silence dedans : toujours fidèle à sa raison d'être, la Cité des Étoiles garde son calme au milieu des tempêtes. Claudie retrouve la forêt de bouleaux qu'elle aime tant, les petits immeubles de briques et les grandes avenues. Petit contretemps : on l'installe pour quatre mois au prophylactorium, la « clinique-hôtel » des cosmonautes en attendant un logement, car ces temps-ci on manque de place ! Entre les Américains qui préparent leur vol international pour le mois de mars et les Européens qui partiront en août, les Russes ne savent plus où donner de la tête – et de l'appartement – en cette année 95 ! Des ouvriers s'activent depuis des mois pour construire de belles datchas en bois destinées aux futurs héros américains, petits veinards... Claudie, elle, doit se contenter d'un appartement du prophylactorium pour entasser ses caisses de déménagement. Dès le lendemain de son arrivée, c'est la présentation officielle. Elle met son plus beau tailleur pour écouter solennellement le programme des mois à venir : théorie, russe et tabouret tournant jusqu'en novembre 95, puis préparation à la mission et programme scientifique jusqu'en juin 96. Le reste de son équipage est présent, le commandant de bord Guennady Manakov et l'ingénieur de bord Pavel Vinogradov.

> Guennady est un commandant expérimenté, explique Claudie. Il a déjà connu deux vols de longue durée, en 1990 et 1993. Je le connais depuis longtemps puisque, en 91, il était le commandant de l'équipage doublure de Michel Tognini et que, en 93, il était déjà dans la station Mir quand Jean-Pierre est arrivé, et ils sont redescendus ensemble. C'est un sacré person-

nage, entier, avec un caractère très fort, ce qui lui a souvent posé des problèmes relationnels, mais cela ne m'inquiète pas pour notre vol, car nous nous entendons très bien. Il est adorable avec moi, très galant, toujours à raconter une histoire drôle. Par ailleurs, il est capable de reconnaître ses erreurs et de mettre les gens qui sont sous ses ordres en valeur, ce qui n'est pas si fréquent ! Je connais moins bien Pavel, dont c'est le premier vol. Il est très différent, sérieux, calme et serein, toujours de bonne humeur ! Le genre de personne qui s'entend avec tout le monde et que l'on adore, idéal pour contrebalancer les « humeurs » de Guennady. De toute façon, ce sont de très bons amis donc tout se passera bien. Les Russes sont très forts pour former des équipes équilibrées, avec des personnalités très différentes et complémentaires qui font apparaître le plus important : l'amitié et l'estime.

Claudie retrouve aussi tous ceux qui l'ont accompagnée durant dix mois et qui semblent l'attendre avec impatience pour recommencer une nouvelle aventure. Merveilleux accueil russe ! Elle tombe dans les bras de ces deux professeurs de russe qui l'avaient soutenue dans ses difficiles débuts linguistiques. Maintenant tout va beaucoup mieux, elle comprend environ 80 pour cent d'une conversation, mais la langue de Tolstoï est terrible, son vocabulaire riche et sa grammaire truffée d'exceptions. On dit qu'il faut apprendre et oublier environ sept fois un mot avant de le retenir ! Ce sera tout de même moins angoissant que la première année. Un problème qui ne concerne pas sa doublure, Léopold Eyharts, qui parle déjà couramment.

Séduisant et drôle, ce lieutenant-colonel de l'armée de l'air de trente-sept ans, pilote de chasse et pilote d'essai, a été recruté par le CNES à la belle époque, en 1990, quand la France mettait encore tous ses espoirs dans l'avion spatial européen Hermès. Il a été responsable du programme de vols paraboliques Caravelle Zéro-G et devrait partir, en 1997-1998, pour une mission de trois semaines :

> C'est un but que je m'étais fixé depuis longtemps, explique-t-il. Déjà à dix-douze ans, je construisais des fusées et je disais à qui voulait l'entendre : « Quand je serai grand, j'irai sur la Lune ! » Comme beaucoup de jeunes garçons, j'ai été fasciné par les vols Apollo. J'ai failli être recruté en 1985 avec Claudie et j'étais moi-même étonné de mes résultats. Ça m'a encouragé, j'ai donc appris le russe et je me suis rapproché de cet univers du spatial. Quand vous commencez à y goûter, cela devient un engrenage et vous êtes de plus en plus motivé. D'abord, d'un point de vue technique, c'est passionnant pour un pilote, et puis l'émotion est si forte qu'on veut toujours aller plus loin. Pour moi, la sortie extravéhiculaire serait vraiment une apothéose !

La pollution spatiale a de quoi nous rendre verts

Pour mieux connaître les différentes facettes du vol habité, Léopold fait partie en 1993 d'un groupe de travail du CNES sur les débris spatiaux, vaste problème qui risque de devenir de plus en plus grave dans l'avenir. L'espace n'est pas ce vaste univers limpide que nous voyons, il a toujours été peuplé de débris naturels, créés par les étoiles ou le Soleil, mais maintenant c'est devenu une poubelle ! Depuis le lancement du premier satellite en 1957, des milliers de déchets ont été rejetés par les hommes et leur matériel : satellites espions devenus inutiles et pouvant atteindre la taille d'une maison, restes de fusées (ainsi l'explosion du troisième étage d'une fusée Ariane a répandu environ cinq cents gros débris de ferraille), boulons et tournevis perdus par les cosmonautes, paillettes d'oxyde d'aluminium crachées par la combustion des moteurs, sangles ou mécanismes de déploiement éjectés au moment de la satellisation, et même un appareil photo qui a échappé des mains d'un astronaute américain en 1966 ! A cette époque, on avait déjà dénombré deux mille débris tournant autour de la Terre. Dans les années 80, on était passé à quatre mille cinq cents environ pour arriver aujourd'hui à... sept mille cinq cents ! Selon le NORAD, le réseau de défense aérienne américain, on en comptera dix mille en l'an 2000. La plupart d'entre eux se situent en « orbites basses », entre deux cents et deux mille kilomètres, ce qui permet de mieux les surveiller. Grâce à des radars et des télescopes ultra-puissants, on peut détecter un objet de la taille d'une orange jusqu'à mille kilomètres d'altitude et un de la taille d'une chaise jusqu'à trente-six mille kilomètres, ce qui permet de garder un œil sur eux en permanence et de manœuvrer les véhicules spatiaux pour éviter une collision qui serait fatale. Comme l'orbiteur Discovery dut le faire, le 15 septembre 1991, pour ne pas se retrouver nez à nez avec un bout du troisième étage d'une fusée soviétique lancée en... 1977 ! Sans cette précaution, les astronautes auraient vu passer à trois cent cinquante mètres d'eux un énorme morceau de métal, gros comme un camion. Ça fait un choc ! Les risques d'accidents de ce type sont malheureusement de plus en plus probables.

> Mais le plus dangereux, précise Léopold Eyharts, reste la multitude de débris minuscules, éclats de peinture, lambeaux de protection thermique ou autres, impossibles à repérer et qui peuvent provoquer un accident mortel. On estime que quarante

> mille à cent cinquante mille éléments de dix à cent millimètres circulent autour de la planète, que l'on tient responsables de certaines pannes inexpliquées. Le problème n'est pas leur taille mais leur vitesse. Un simple grain de sable qui fonce à 8 km/s sur un satellite possède une énergie comparable à une boule de bowling lancée à 100 km/h. Vous imaginez ! D'où les nombreux chocs et dommages infligés aux parois des véhicules spatiaux qui rentrent sur terre dans un drôle d'état !

S'ajoutant aux débris naturels, déjà évoqués plus haut, que l'on estime à environ cent mille se baladant au large de la banlieue terrestre, tous ces déchets restent des années à voyager dans l'espace. La pire zone se situant à trente-six mille kilomètres d'altitude, où se trouvent les satellites de communication, avec une forte condensation au-dessus de l'Asie, des États-Unis et de l'Europe qui va devenir rapidement un véritable embouteillage spatial. Le danger concerne aussi la Terre elle-même, car, parfois, l'un d'entre eux redescend et ne se consume pas entièrement dans l'atmosphère. La première alerte avait été lancée par Fidel Castro, en 1961, accusant un morceau de satellite américain d'avoir tué... une vache cubaine ! Plus sérieusement, on se souvient du Cosmos 954, un satellite de reconnaissance des océans, tombé du ciel le 24 janvier 1978 en éparpillant des débris, dont certains radioactifs, dans la région du Great Slave Lake, au Canada. Il y eut aussi Skylab qui répandit environ cinq cents morceaux dont certains pesaient cinq cents kilos et qui donna des sueurs froides aux spécialistes, avant d'échouer entre l'océan Indien et l'Australie sans causer trop de dommages. Plus récemment, les habitants de la petite ville de Limerick, en Irlande, ont tremblé durant les premiers jours de mars 1996 car un satellite chinois lancé trois ans auparavant menaçait de leur tomber sur la tête. N'ayant pas peur du ridicule, la société Astronomy Ireland a tenté de rassurer tout ce petit monde en précisant que les marges d'erreur étaient à « six cent mille kilomètres près ». A Limerick on a ri jaune... La liste de ce genre d'accidents possibles serait longue à établir ! Actuellement, on compte environ une dizaine de rentrées d'objets par mois, qui se désagrègent plus ou moins bien. Si cela pose des problèmes de sécurité et de respect de l'environnement, cela entraîne aussi des dépenses financières importantes quand on sait qu'un satellite endommagé coûte environ cinq cents millions de francs à réparer. Alors que faire ? Prier les dieux que le maximum de débris soient détruits par la nature en rentrant à grande vitesse dans l'atmosphère terrestre où ils sont consumés par la chaleur, ce qui a déjà été le cas d'environ seize mille objets depuis 1957. Le Soleil joue aussi les femmes de ménage grâce à ses vents violents qui précipitent les objets vers la Terre. Pour les autres, l'Américain Kumar Ramohalli a imaginé un aspirateur utilisant l'énergie solaire pour créer un faisceau capable de briser tous ces débris, mais le projet a été classé. A ce jour, il n'existe aucun moyen d'envoyer des « éboueurs de l'espace » pour nettoyer les abords de la Terre. A défaut, Christian Marchall, directeur à l'ONERA, Office national d'études et de recherches aéronautiques, propose des voiles solaires géantes qui ralentiraient la vitesse des débris et modifieraient leur trajectoire pour protéger la planète.

Mais le plus simple reste encore de fabriquer moins de débris ! Il faut réussir à imposer des accords internationaux : arrêt des essais d'armes antisatellites qui visent à détruire une cible que l'on réduit en bouillie, vidange obligatoire des réservoirs des étages supérieurs des lanceurs pour éviter qu'ils n'explosent après utilisation (cette opération nommée « passivation » est déjà systématiquement pratiquée sur les lanceurs Ariane), interdiction de poser des pièces détachables sur les satellites... et, dans l'avenir, concevoir un matériel que l'on pourra parquer dans des « cimetières » de l'espace ou que l'on pourra faire redescendre sur Terre en les manœuvrant délicatement, mais ça ce n'est pas pour demain !

En attendant ces belles perspectives, Claudie commence, avec Léopold, son entraînement avec un programme qu'elle connaît bien : cours théoriques, simulation, centrifugeuse, tabouret tournant... Elle finit, enfin, par intégrer son appartement dans l'immeuble de son chouchou, Alexeï Leonov, avec qui elle va pouvoir blaguer en attendant l'ascenseur. Son quatre pièces ressemble à celui qu'elle a connu : grand, clair, fonctionnel avec des meubles modernes noirs, de la vaisselle en porcelaine bleue russe et un nombre impressionnant de verres de vodka ! C'est mal la connaître car elle n'a toujours pas réussi à s'y faire, et quand elle doit trinquer avec les amis, elle boit cul sec la première fois comme le veut la tradition, en serrant les dents – burk, burk –, puis elle trempe ses lèvres discrètement. Impossible avec les Russes d'échapper à cette règle d'or. Qu'importe, ils sont si joyeux, si gentils, elle adore ces dîners où l'on mange toujours la même chose, salade de tomates et oignons hâchés, concombre et charcuterie, fromage en fines lamelles et, parfois, caviar pour les grands jours. Étonnamment, les cosmonautes, comme tous les autres Russes, fument beaucoup, mais contrairement à certains Français qui vous envoient leur fumée dans le nez quand vous mangez votre steak-frites, ils le font toujours avec la plus grande discrétion. S'ils travaillent, ils vont se griller une petite blonde dans les toilettes entre deux séances de simulateur, et s'ils dînent ensemble, ils se retrouvent entre fumeurs à la fin du repas, dans la cuisine ou sur le balcon, pour savourer ensemble la cigarette de l'amitié.

A part ces quelques soirées avec des amis, Claudie n'a guère le temps d'autres loisirs : un ou deux week-ends à Saint-Pétersbourg avec Jean-Pierre et, de temps en temps, une petite visite au musée Pouchkine.

> L'art contemporain, c'est mon jardin secret. C'est Michel qui m'a transmis sa passion et m'a fait découvrir tout cet univers en m'emmenant dans des musées et des galeries. Aujourd'hui, c'est devenu une partie importante de ma vie. Quand je suis à Paris, j'adore aller au musée d'Art moderne, souvent seule d'ailleurs. Je préfère, pour mieux me plonger dans l'univers et les émotions de l'artiste. La façon de composer une toile, l'harmonie des couleurs, toute cette « musique » me fascine. J'adore acheter quand c'est dans mes moyens, bien sûr, et, dès que je peux, je vais en salle de vente à Versailles ou à Saint-Germain-en-Laye, le week-end. Ça me fait rêver ! La période que je préfère va de la fin des Impressionnistes jusqu'aux années 60-70. Après, je trouve que cela devient parfois un peu artificiel. Dans mon studio parisien, j'ai quelques tableaux, des sculptures, et j'en ai emporté à la Cité, cela va sans dire. C'est indispensable, je ne peux pas être heureuse sans pouvoir admirer une œuvre que j'aime ! C'est d'ailleurs pour ça que j'ai choisi l'artiste Fédérica Matta, la fille de Roberto Matta, pour le logo de ma mission Cassiopée. Plutôt que l'éternel dessin de planète ou de petit cosmonaute planant dans l'espace, j'avais envie de quelque chose de différent, de plus contemporain, avec une approche féminine. Fédérica a une personnalité très méditerranéenne, chaleureuse, joyeuse, exubérante. Son œuvre lui ressemble et j'ai voulu lui laisser beaucoup de liberté. J'adore l'harmonie et l'éclat de ce logo avec tous ses symboles : la femme-

> lune, l'œil du savoir, la spirale de la connaissance accompagnée de la constellation Cassiopée et d'une salamandre verte en allusion à celles que j'emporte en mission pour l'expérience Fertile. Le résultat est très beau, dynamique et original.

Mais le plus clair de son temps, elle ne le passe pas à admirer les couleurs d'un tableau ; plutôt à travailler pour parfaire son russe, mieux connaître la technique, s'améliorer, toujours et encore, avec le perfectionnisme comme philosophie de vie quotidienne.

> Mon premier entraînement, revu aujourd'hui à la lumière du second, constate-t-elle, me semble avoir été un « tour de force » à devoir concentrer en six mois la préparation du programme scientifique, car même si maintenant j'ai plus de temps et que je me sens beaucoup plus à l'aise, il reste encore beaucoup de travail. Et plus les mois avancent, plus on voit l'échéance approcher, plus on se dit qu'il faut encore mettre un coup de collier. Il semble que tout va de plus en plus vite, et est-ce l'idée du décollage, alors que j'avais échappé aux malaises du tabouret tournant, je ne me sens plus aussi bien que ça sur cet engin... Dans ce métier, on doit acquérir une forme physique parfaite et une très large culture technologique. C'est finalement une excellente solution que d'enchaîner deux entraînements, car le premier vous met en confiance et le second vous permet d'approfondir vos connaissances et d'analyser les choses avec plus de recul.

Programme chargé pour Cassiopée

Ces dix-huit mois ne seront pas de trop car la mission est si dense qu'elle est prolongée de quarante-huit heures. Seize jours au total pour disposer de deux semaines à bord du laboratoire Mir pour mener cinq expériences, dont la plupart sont nouvelles. Coût du voyage : environ quatre-vingts millions de francs.

> Ce qui n'est pas énorme si l'on compare aux autres pays, car nous avons encore des relations très privilégiées avec les Russes et nous avons de nombreux échanges scientifiques qui allègent la facture. Cette situation risque malheureusement de ne pas durer car la Russie a terriblement besoin d'argent et se montre de plus en plus gourmande. Mais, de toute façon, c'est le prix à payer pour faire partie des grands pays de demain. Dans le domaine scientifique et technologique, quand on n'avance pas, on recule. Il faut des projets. Concorde, par exemple, a été beaucoup décrié parce que non rentable. Peut-être, mais quels progrès dans la recherche aéronautique ! Si nous n'investissons pas dans le spatial, nous perdrons toute notre avance et n'occuperons qu'un petit strapontin, laissé par les Américains et les Russes.

Au prix du billet pour le grand voyage, il faut ajouter cent millions de francs payés aux industriels français qui ont mis au point les cinq expériences que Claudie doit effectuer. Tous ceux qui l'ont préparé, souvent depuis des années, viennent à la Cité des Étoiles le présenter aux cosmonautes. En tête, Lionel Suchet, chef de projet, qui s'occupe des relations avec les Russes, coordonne le travail des douze équipes scientifiques, des industriels et des ingénieurs du CNES qui doivent mettre au point ce matériel, de plus en plus sophistiqué ! Trois cent cinquante kilos de matériel acheminé vers la station Mir quelques semaines avant le départ des cosmonautes par le cargo spatial qui repartira, vide, vers la Terre, pour se consumer dans l'atmosphère.

Parmi les appareils, un jeu de Lego appelé « treillis », composé de toute une série de modules qu'il faut visser les uns aux autres. Ce drôle de jouet met en joie le commandant de bord, Guennady, qui taquine gentiment Claudie : « Laisse-moi faire, c'est un travail d'homme ! »

Proposé par Y. Dancet et P. Bousquet du CNES, cette expérience « Castor » a pour but d'analyser les vibrations et le comportement dynamique de la station Mir. Quand, en juin 95, la navette spatiale américaine y a accosté, avec ses cent tonnes, ce fut l'impact le plus violent jamais vu dans l'espace. On avait simulé la situation auparavant par des calculs mathématiques. Il s'agit aujourd'hui de simuler réellement ce type de choc, pour éviter de graves problèmes, comme dans les années 60 où l'on a perdu plusieurs satellites dans la nature, faute d'avoir correctement prévu leur comportement. Si l'on teste facilement la réaction dynamique d'un pont, d'une voiture ou d'un avion au sol, il est beaucoup plus délicat d'imaginer la résistance d'un corps aux vibrations spatiales. Une fois dans Mir, Claudie doit donc installer sept microaccéléromètres, reliés les uns aux autres comme un chapelet un peu partout dans la station, qui transmettront leurs analyses à une centrale, sorte de gros boîtier nommé « Dynalab ». Elle doit ensuite provoquer des vibrations en donnant des coups de marteau de temps à autre ou en faisant tout simplement sa gymnastique, pour que la machine analyse leur impact. Enfin, il lui faut monter le treillis elle-même pour le laisser flotter trois minutes dans la station. Cette succession de modules se déploie sur deux mètres et permet d'étudier l'importance des barres d'amortissement en cas de choc, sur le même principe que pour une automobile, afin de stabiliser au maximum les satellites. Avec ses acolytes russes, ils rient déjà en imaginant la scène du treillis flottant au milieu du joyeux désordre de Mir ; bel embouteillage en perspective !

Moins joyeuse mais bien utile pour l'industrie, l'autre expérience concernant les sciences physiques porte le joli prénom d'« Alice 2 », réalisée en collaboration entre D. Beysens (CEA), Y. Garrabos (CNRS) et B. Zappoli (CNES). C'est un appareil très sophistiqué qui étudie les fluides, du CO_2 et du SF_6, et leurs réactions souvent incongrues aux transferts de chaleur, etc.

Mais le plus gros travail qui doit occuper les journées de nos trois compagnons concerne les sciences de la vie. C'est la spécialité de Claudie, elle se retrouve en terrain de connaissance. Première expérience : « Physiolab », un laboratoire portable qui permettra d'avancer dans le domaine de la physiologie du système cardio-vasculaire, en particulier de la régulation de la pression artérielle. Il autorisera, pour la première fois, le suivi médical constant des cosmonautes durant le vol, grâce à plusieurs appareils. Le « Portapres », mis au point par le Pr Gharib (LPE de Lyon), est un capteur que l'on se met sur le doigt, accompagné d'un gilet à bretelles comportant toutes sortes de poches avec des appareils de mesure et trois électrodes à fixer sur la poitrine. Ainsi bardé, le cobaye doit attendre quarante minutes afin que Portapres enregistre la fréquence cardiaque et la pression artérielle à chaque battement cardiaque. Une expérience qui doit se faire avant, pendant et après le vol afin de comparer les données qui permettront de mieux connaître les réactions de notre cœur et, surtout, de remédier à cette fameuse hypotension orthostatique qui fait tourner la tête de certaines personnes lorsqu'elles se lèvent.

Pour pousser l'expérience plus loin, le Pr Cuche, de l'INSERM, a concocté à nos cosmonautes un petit supplice chinois qui rendra bien des services à la science, merci d'avance ! La moustache guillerette, il leur présente un autre gilet, nommé Holter, qu'ils doivent porter trois fois de suite, durant vingt-quatre heures, afin d'enregistrer leur pression artérielle tous les quarts d'heure. Ainsi, on réussira peut-être à prouver que la pression artérielle et la fréquence cardiaque, normalement en phase quand on est en bonne santé sur terre, se séparent (ou « se déphasent ») en impesanteur. Si, ensuite, on peut comprendre quand cela se produit, on offrira un avenir beaucoup plus rose aux personnes âgées qui souffrent souvent de ce dysfonctionnement.

> C'est grâce au système cardio-vasculaire que l'homme peut tenir debout, explique le Pr Cuche, avec tout un jeu subtil de balance entre les reins, le cœur, etc., qui n'existe plus en impesanteur. Mais il reste bien des mystères, par exemple, comment la girafe parvient-elle à envoyer son sang dans sa tête à une telle hauteur ? Elle a développé une sorte de pantalon anti-G à sa façon. Si l'on veut voir un peu loin, on peut espérer que toutes ces recherches nous donnent un jour des indications sur son origine. Mais il nous reste encore beaucoup de chemin à faire et d'expériences minutieuses. Pour avancer, il faut accumuler les données car la moindre erreur peut tout fausser. Un de nos professeurs nous disait : « Les statistiques, c'est comme les bikinis, ça montre beaucoup de choses mais ça cache l'essentiel. »

Toutes ces expériences exigent la plus grande concentration. Pour tous ces scientifiques qui y travaillent depuis des années avec tant de passion, c'est capital ! Voici maintenant le Dr Louisy, de l'IMASSA à Brétigny, l'air réjoui avec sa petite trousse qui répond au nom barbare de « Plethysmographe ». Il s'agit cette fois de deux brassards à poser l'un sur le bras et l'autre sur la cuisse, qui empêchent le sang de repartir vers le cœur. On contracte ensuite le biceps et le mollet dix fois de suite pour que la machine compare, à chaque étape, le volume de sang qu'il reste dans le bras et dans la jambe. Cela permettra d'affiner nos connaissances sur le rôle des veines, primordiales pour notre petit cœur puisqu'elles sont chargées de lui renvoyer le sang en se dilatant puis en se contractant grâce aux muscles, à la façon d'une pompe. Or, en impesanteur, elles se dilatent trop et n'arrivent plus à faire leur travail, sans doute à cause des muscles qui sont affaiblis. Si l'on perçoit mieux ce problème, on pourra mieux soigner certaines maladies comme la myopathie, mais aussi résoudre les problèmes des cosmonautes à leur retour sur terre, nausées, vertiges, et éviter, lors de longs séjours dans l'espace, des problèmes veineux plus graves. Mais il faut savoir pourquoi les muscles perdent de leur vigueur. On suppose que c'est à cause de certaines fibres nerveuses qui sont perturbées par l'impesanteur. Ces fibres ont pour mission de stimuler de petits capteurs qui envoient des influx nerveux à la moelle épinière, laquelle renvoient aussitôt des ordres à notre corps. Sans ces fibres, nous marcherions comme des robots, nous tomberions comme des marionnettes, incapables de coordonner nos gestes. Pour connaître la réaction de ces fibres, les cosmonautes doivent se poser une sorte de bandeau sur le genou, pour provoquer des stimulations grâce à un léger courant électrique et en tapant à l'aide d'un petit marteau, comme les médecins font aux enfants pour voir si leurs jambes sautent et gardent de bons réflexes.

Enfin, voici le Doppler portable du Pr Arbeille, avec des électrodes sur la poitrine et des capteurs sur certaines artères. Il enregistre lui aussi les variations de la vitesse du flux sanguin dans les différentes artères, carotide, fémorale et transcrânienne. Tous ces instruments sont connectés à une unité centrale de gestion et vont permettre un suivi médical des cosmonautes en temps réel depuis le centre de contrôle du Tsoup durant la mission... Une première ! Les résultats sont attendus avec une grande impatience par de nombreux scientifiques ; ils rêvent déjà de la station internationale qui leur permettra d'avancer encore plus loin dans leurs connaissances.

Une autre expérience importante, « Cognilab », s'intéresse à notre façon de percevoir le temps, détecter les symétries, reconnaître les formes ou les visages et garder le sens de l'orientation dans l'espace. Au retour de la mission Altaïr, Jean-Pierre Haigneré s'était étonné : « quand je me peignais, j'avais l'impression que ça durait des heures ! ». Une réflexion qui a beaucoup intrigué l'équipe du Pr Berthoz, du Collège de France (J. McIntyre et G. Léone). Avec le Pr Roll (université de Marseille), les Drs Semjen et de Schönen (CNRS de Marseille) et M. Delpech (CNES de Toulouse), ils ont mis au point un siège pliable, accompagné d'un écran où défilent les consignes et les exercices, d'un manche à retour de force, pour analyser le contrôle des mouvements du cosmonaute (force et précision), et d'une poignée qui lui permet de cliquer les réponses aux problèmes posés. Ce matériel très sophistiqué qui coûte la bagatelle de dix-sept millions de francs a été conçu pour tenter de comprendre comment la gravité influence notre perception de l'espace et du temps. Avec la mission Altaïr, on a prouvé qu'au sol nous privilégions les axes verticaux, alors que, quand nous flottons dans l'espace, nous percevons de la même façon les axes verticaux et horizontaux. Pourquoi ? Quel est le rôle de l'hémisphère gauche de notre cerveau par rapport au droit ? Quel est le rôle de l'oreille et de l'appareil olithique ? Pour le savoir, nos cosmonautes doivent s'harnacher (grâce à des harnais fabriqués par un sellier français spécialisé dans les voitures de sport !) sur ce drôle de fauteuil et faire des tests à l'aide d'une manette ; celle-ci analyse la force du cosmonaute car, le bras n'ayant plus de poids, on veut comprendre comment le cerveau intègre cette nouvelle donnée. Les tests sont nombreux : comparer deux figures géométriques pour savoir si elles sont symétriques ou non, regarder des visages puis les reconnaître à l'envers, ou identifier parmi une foule d'inconnus des personnalités comme Einstein, Eltsine, Arafat, la reine d'Angleterre ou Maria Callas. Ce petit test a exigé à lui seul une longue préparation d'un laboratoire de Schonen spécialisé dans la reconnaissance du visage de la mère par des bébés. Il a déjà fallu trouver des gens que tout le monde connaît... Allez demander à un Russe de distinguer Vanessa Paradis parmi une foule de Lolitas !

Tous ces exercices défilent à une allure très rapide, comme des flashs qui se succèdent de cinquante à cent millisecondes. Ils exigent donc une attention très soutenue, et manifestement cette perspective n'enchante pas le commandant de bord, Guennady, qui a déjà eu droit à de nombreuses séances du même genre lors de la mission Altaïr. Il faudrait, suggère-t-il, rajouter des scores pour nous motiver, des éléments plus ludiques, le transformer en véritable jeu. Messieurs les scientifiques, ayez pitié de nos pauvres cobayes qui s'ennuient durant des heures sur ces machines ! Cosmonaute, on n'en reste pas moins homme ! Les expériences trop monotones, trop lourdes ou mal conçues font d'ailleurs partie des critiques qui reviennent le plus souvent chez les Russes comme chez les Américains. On se souvient de la première « mutinerie » de l'espace à bord de Skylab, quand Gerald Carr et ses compagnons ont décidé, de leur propre chef de s'accorder un peu de repos le dimanche.

Lors d'un vol de longue durée, la plupart d'entre eux finissent par s'exaspérer du rythme infernal qu'on leur impose, des ordres permanents, des conversations interminables avec le sol, de la nourriture fade, des couleurs de leurs vêtements ternes et du manque de loisirs. Tout est planifié, surveillé, minuté, et les quelques instants à regarder par le hublot ou à s'amuser avec une boule d'eau flottant dans l'air sont trop rares. Lors de la mission Apollo 7, Walter Schirra, fatigué par un rhume, a carrément refusé de tourner une émission de télévision. « Je ne suis pas en état de faire fonctionner une caméra » a-t-il simplement expliqué. Et quand, à la veille de leur retour, le directeur du vol a demandé pour la énième fois de faire une vérification de trajectoire, la réponse a été sans appel : « Je n'ai pas envie d'obéir à cet ordre absurde. Je lui dirai deux mots à mon retour, à cet imbécile... » Bonne ambiance... Et Guennady, lui-même, réputé pour son fort caractère, n'a pas hésité à raccrocher au nez de l'équipe au sol lors de précédentes missions. Avec un programme aussi chargé que celui de Cassiopée, on imagine déjà son humeur ! Bon courage, Claudie...

> Non, je ne me fais aucun souci. Tout cet entraînement avec lui est très agréable. Il est si galant ! Par exemple, quand je m'installe dans le Soyouz, il branche toujours le tuyau de ventilation de mon scaphandre pour que je n'aie pas trop chaud, et il me tend la main pour m'extirper de mon siège. Une réflexion permet de bien situer le personnage. Il m'a dit : « Si tu penses que j'ai tort, signale-le-moi en me donnant tes arguments. Si, après cela, je te redonne le même ordre, tu l'exécutes ! » C'est-à-dire que j'ai droit de le contester une fois mais pas deux. Et ça marche, j'ai souvent eu l'occasion de le tester ! Et lors de cette préparation aux manipulations scientifiques, il a passé son temps à nous raconter des anecdotes

qui lui étaient arrivées là-haut pour nous faire rire et rendre l'atmosphère sympathique.

Fertile : les bébés salamandres

Certaines expériences leur donnent heureusement l'occasion de s'amuser. C'est le cas de « Fertile », le clou de cette mission avec ces salamandres qui vont nous pondre de beaux bébés pour savoir si la fécondation in vivo est possible en microgravité et quel sera la descendance des animaux conçus dans l'espace, en attendant de s'intéresser à celle... de l'homme ! Ah, quel beau rêve se serait que de pouponner dans l'espace ! Actuellement, nous n'y connaissons pas grand-chose. L'idée même de flirts spatiaux paraît totalement prématurée : pour s'étreindre tendrement, il faudra déjà réussir à s'attraper, ce qui ne sera pas une mince affaire. On a déjà tenté de faire s'accoupler des rats, pourtant réputés portés sur la galipette, mais rien à faire : perturbés par les vibrations du décollage, leur libido a chuté brutalement et la plus jolie des rates ne parvenait pas à les émoustiller. Mais on peut espérer que ces messieurs ne se laisseront pas traumatiser pour si peu. Pourtant, comment réagira le sang lors d'une folle partie de jambes en l'air ? Le vertige amoureux ne deviendra-t-il pas suicidaire ? Et si un couple parvenait à cet exploit sexuel, n'y aurait-il pas des perturbations hormonales, les spermatozoïdes arriveraient-ils à bon port ? Enfin, ne donneraient-ils pas d'étranges mutants, des êtres hybrides incapables de s'adapter à la société humaine ?

Avant de fantasmer sur des scénarios de science-fiction, il faut perfectionner nos connaissances qui sont bien maigres dans le domaine. La rumeur a parlé d'un programme de procréation hors de notre planète étudié par les Russes, que la presse avait appelé le « bébé rouge de l'espace », dont on n'a jamais eu de nouvelles. Quant aux expériences officielles, elles sont rares : des œufs de caille, placés dans Salyout, ont donné naissance plus tard sur terre à des cailles épanouies et bien dans leurs plumes. Des rates fécondées jusqu'aux dents sont parties à bord de Cosmos 1167 et sont revenues pour mettre bas sur le plancher des vaches de jolis petits bébés qui manifestaient quelque retard dans leur évolution, notamment dans leurs réflexes de posture. La navette spatiale américaine Endeavour, elle, a emporté des grenouilles qui ont été fécondées en microgravité et ont donné naissance à une ribambelle de têtards. Ils se portent bien, à part des poumons légèrement atrophiés et un sens de l'équilibre un peu perturbé. Mais ces résultats sont bien insuffisants pour imaginer l'évolution d'un bébé qui découvre la vie en flottant, sans haut, ni bas, sans droite, ni gauche. Car on pense que la pesanteur a une grande influence sur la création, mais aussi la disparition des espèces sur terre. Pourquoi ? Parce qu'elle est le seul facteur constant qui traverse les siècles, malgré les catastrophes, les successions de périodes chaudes et de glaciations ; elle a donc forcément un rôle à jouer ! Le premier à l'avoir signalé est – une fois de plus – Galilée qui, en 1638, remarquait que les os supportant le poids du corps étaient plus épais chez les espèces de grande taille, les éléphants ou les hippopotames. Alors que chez les vertébrés aquatiques, qui dans l'eau supportent moins la pesanteur, les squelettes sont beaucoup moins développés. D'où l'intérêt d'étudier l'évolution d'une espèce en microgravité pour observer ses réactions et, peut-être, un jour, modifier ses caractéristiques et en créer d'autres. L'homme a toujours rêvé de rivaliser avec Dieu...

« Fertile » est donc d'un intérêt majeur. Préparée depuis sept ans par trois laboratoires (Duprat à Toulouse, Houillon à Paris et Dournon à Nancy), ses résultats vont passionner les biologistes. Claudie emporte six pleurodèles, des petits lézards verts du Portugal qui font partie de la famille des salamandres et s'avèrent de merveilleux cobayes pour un voyage dans l'espace : peu soumises au stress à cause d'un cerveau assez rudimentaire, elles n'ont pas besoin d'être nourries et ne rejettent donc aucuns déchets, ce qui évite bien des désagréments. Elles pondent beaucoup d'œufs, entre cinq cents et trois mille chacune, et on peut changer leur cycle comme on le désire alors que les autres espèces attendent le printemps. Mais, surtout, elles ont une particularité bien utile : elle n'ont pas pas besoin de partir avec leur Jules pour être fécondée car elles peuvent conserver dans leur « cavité génitale » des spermatozoïdes vivants pendant plusieurs mois. Il suffit d'une injection hormonale pour déclencher l'ovulation et la fécondation, ce qui facilite bien la tâche ! Parmi ces dames fort complaisantes, on a sélectionné les meilleures. Ces cosmonautes-salamandres, âgées de deux ans, ont passé brillamment des tests en minicentrifugeuse pour s'habituer aux chocs et aux vibrations du décollage. Elles ont subi un entraînement intense pour résister aux températures les plus fortes en prévision de l'atterrissage dans le désert du Kazakhstan. Une fois arrivé dans la station Mir, tout ce petit monde peut s'installer dans une extraordinaire usine miniature, fabriquée par l'industriel français Comat, qui comprend quinze mille pièces usinées. Avec ses allures de four à micro-ondes, elle peut fonctionner toute seul durant deux semaines pour étudier le développement d'embryons de tritons, dont la moitié est placée dans une centrifugeuse qui recrée une accélération proche de la pesanteur terrestre. Le tout doté d'un système d'aération, de ventilation, d'humidification, et d'une minicaméra qui filme chaque étape de l'expérience.

Première opération : la fameuse injection hormonale. Claudie doit apprendre ce geste délicat, sous l'œil horrifié de ses deux compagnons russes qui raviraient Brigitte Bardot : « Attention, tu vas lui faire mal ! » Pourtant, Guennady a déjà emporté des grenouilles, mais il est manifestement intimidé par ces petites bêtes ! Qu'il ne se fasse aucun souci : le Dr Deshays a l'habitude des piqûres et prend très vite le « coup de main » : on tient délicatement la salamandre dans le creux de sa paume et on vise un certain point sur le ventre pour ne pas la blesser. Six jours plus tard, on vient ramasser les œufs, sorte de gélatine transparente que l'on manipule avec des ciseaux spéciaux. Claudie doit bien les répartir, par paquet de vingt, dans différentes boîtes où elle rajoute, à l'aide d'une grosse seringue, de l'eau pour qu'ils puissent se développer dans leur élément naturel. Puis, elle met chacune de ces boîtes dans l'emplacement prévu du bloc expérimental « Fertile ». Certains d'entre eux vont être « fixés », stoppés dans leur évolution, jour après jour, pour mieux les étudier à terre, tandis que d'autres doivent être rapportés vivants. Il suffit à Claudie de brancher la caméra vidéo pour surveiller la bonne santé de ses petits protégés. Images fascinantes de la vie qui prend corps ! Les petites taches blanches des premiers jours vont progressivement se couvrir de taches qui formeront de minuscules compartiments. Au troisième jour, les œufs vont se mettre à tourner sur eux-mêmes dans un sens, puis dans l'autre. Trois jours plus tard, on verra se former la tête, puis l'œuf s'allongera petit à petit. Au dixième jour, il « changera de peau » et abandonnera sa gangue pour devenir un joli embryon, avec une queue longue et fine au bout d'une grosse tête aux deux grands yeux et aux deux oreilles qui ressemblent à des anneaux de gitanes.

> Ces oreilles, justement, explique Claudie, font partie des questions que se posent les scientifiques : vont-elles se former normalement dans l'espace ou créeront-elles des problèmes de symétrie et d'orientation ? L'œuf lui-même se développera-t-il comme sur terre, les organes se mettront-ils en place de la même façon ? Nous n'en avons pour l'instant aucune idée et c'est ce qui rend cette expérience particulièrement passionnante.

La Russie d'un nouveau jour

Des questions enthousiasmantes pour une chercheuse dont la vie s'intensifie de semaine en semaine, à l'approche du jour J. Jean-Pierre a pu la rejoindre dès ce mois de septembre 1995, pour s'occuper des liaisons avec l'équipage de la mission Euromir 95 de l'ESA, depuis le centre de contrôle du Tsoup. Équipage dont faisait partie Thomas Reiter, l'Allemand dont la presse a beaucoup parlé parce qu'il est resté plus longtemps que prévu, soit six mois, à bord de la station Mir.

Nos deux amoureux partagent une vie laborieuse à la Cité des Étoiles et « montent » parfois à Moscou, cette ville étonnante qui se transfigure depuis quelque temps. Les grues et les marteaux piqueurs s'agitent bruyamment pour redonner des couleurs à ces bâtiments sombres et tristes, abattus par les malheurs. Les trois gares ont été restaurées et ressemblent maintenant à de superbes gâteaux à la crème rococo, l'hôtel Metropol s'est offert une seconde jeunesse pour attirer les touristes et les hommes d'affaires, les beaux immeubles sont ravalés, le Bolchoï est flambant neuf et la place du Manège, où commença la Révolution, n'est plus qu'un trou béant où se construisent des parkings et un grand centre commercial. La cathédrale, détruite par Staline, a été rebâtie à l'identique, et on y a célébré la première messe de Pâques, réunissant Alexis II et Boris Eltsine, du jamais vu ! Un Maxim's s'est ouvert à l'hôtel National, pas très loin de la Loubianka, l'immeuble à la triste réputation dont on disait qu'il était le plus haut d'URSS, car depuis son quatrième sous-sol on voyait déjà la Sibérie... Même la place Rouge a changé ! Elle est devenue le symbole d'une société qui recherche désespérément les fastes du passé. On y rentre aujourd'hui par le « porche de la Résurrection », une jolie porte rouge et dorée avec ses deux clochers, édifiée en 1534 puis en 1680 après un incendie et détruite par les révolutionnaires en 1931. On a repris les plans exacts pour retrouver la même majesté. Tout à côté, une petite église orange vif, construite elle aussi en 1636 et dévastée en 1936, vient juste d'être achevée sur le même modèle, grâce aux dons des Russes. L'intérieur, rempli d'icônes et de cierges, rassemble la ferveur des fidèles qui se pressent toute la journée. On adore ce que l'on a brûlé et on se demande même si l'on ne va pas supprimer les deux étoiles rouges qui dominent encore le Kremlin et les remplacer par... l'aigle à deux têtes ! Et – comble de l'ingratitude – la fameuse relève de la garde devant le mausolée de Lénine ne se fait plus. Tout fout l' camp ! D'ailleurs, il n'y a même plus de gardes, mais des pauvres qui tendent la main et des touristes, des Russes qui mangent tout le temps des glaces, même quand il fait – 10°, des Japonais et des Américains emmitouflés dans leurs fourrures qui photographient celle qui reste l'une des places les plus célèbres du monde. Rien n'est plus comme avant, les Moscovites s'habillent en jeans, ils ne vont plus au Goum et au Tsoum pour acheter un foulard à fleurs ou de la porcelaine bleue typiquement russe mais pour se précipiter chez Kookaï, chez Lacoste ou aux Galeries Lafayette. Et, signe des temps modernes, rien n'est plus chic que de faire la queue chez Mac Donald. On trouve même depuis peu, quelques distributeurs de carte bleue, c'est dire ! On a vu pour la première fois à Noël (qui se fête ici le 7 janvier) des sapins décorer les rues avec de jolies boules, et les magasins, qui n'offraient autrefois que de tristes vitrines où trois malheureuses boîtes de conserve se battaient en duel, regorgent maintenant de piles entières de celles-ci ! On y trouve aussi de l'alcool et des parfums français qui attirent les Moscovites enrichis, dans leurs beaux manteaux de laine, accompagnés de grandes et ravissantes blondes trop maquillées. Les prix ont subi une montée vertigineuse depuis un an et la petite boîte de caviar qui faisait courir les touristes se paie aujourd'hui cinq cents francs... comme en France. Mais le luxe des uns ne cache pas la misère des autres, des vieilles qui passent leurs journées sous la neige pour vendre quelques sacs en plastique et des hommes qui titubent, complètement ivres, au milieu du trottoir et finiront par mourir sur un banc sans que personne ne s'arrête. L'alcool, qui s'achète à chaque coin de rue, assassine peu à peu la population qui n'a trouvé que ça pour s'évader vers des horizons meilleurs. Depuis le mois de novembre, d'ailleurs, un spot surprenant montre à la télévision un petit garçon que sa mère vient border dans son lit. A la deuxième image, il a treize ans et s'est endormi sur son livre. A la troisième, c'est un bel adolescent qui dort avec la même innocence. Mais quand sa mère vient pour l'embrasser comme tous les soirs, elle découvre un bras couvert de traces de piqûres. C'est la première fois que l'on ose aborder le problème de la drogue qui fait des ravages chez les jeunes. Les Russes se sont ouverts au monde et en découvrent les excès. Après s'être jetés fébrilement sur les séries américaines et les blondes brushinguées de Miami, ils préfèrent aujourd'hui les aventures de « Hélène et les garçons ». C'est d'ailleurs souvent la première question que l'on pose à Claudie : « Vous connaissez Hélène ? » Ah ! le prestige de la culture française...

> C'est incroyable à quel point cette société a changé en peu de temps, s'étonne Claudie. J'ai assisté en deux ou trois ans à une métamorphose totale. C'est un pays très captivant. Je lis beaucoup de livres russes, avec une prédilection pour Tchekhov, j'adore sa tristesse poignante, typiquement slave, et j'ai dévoré tous les romans de Troyat sur la Russie. J'aime aussi beaucoup les livres d'histoire car tout va si vite à notre époque qu'il me manque des éléments pour comprendre la société russe d'aujourd'hui. La lecture est quelque chose de très important dans ma vie. Comme le travail, c'est une façon d'exorciser la peur et d'échapper à la solitude. J'ai toujours eu besoin de me plonger dans un bon roman, et aujourd'hui encore, même s'il ne me reste pas beaucoup de temps, il y a des auteurs qui accompagnent ma vie. Daniel Pennac si j'ai envie de rire, Jacques Prévert si j'ai un petit coup de spleen... La musique aussi est essentielle, c'est une évasion, une détente après une journée chargée, et je travaille généralement en écoutant Barbara, Trenet, Nougaro, Elton John, Paolo Conte, Mozart ou Léo Ferré. Depuis que j'habite à la Cité, j'ai aussi découvert Tchaïkovski et les contemporains russes. Tous ces musiciens que j'aime seront avec moi quand j'aurai le grand bonheur de pouvoir

contempler le monde, ce spectacle que j'attends depuis tant d'années. Les astronautes vous disent toujours que le plus fascinant c'est qu'il n'y a plus de frontières, que l'on distingue les continents grâce à leur couleur. On ne voit plus de différences entre les pays, on remarque plutôt les traces laissées par les Incas ou l'Etna, cela donne une autre dimension de notre vie sur terre.

L'homme dans l'espace joue-t-il les poules de luxe ?

Les cosmonautes aussi ont besoin d'imaginer des horizons lointains car des problèmes bien réels se chargent de leur remettre la tête sur les épaules. L'avenir spatial n'est pas si rose et leur rôle est remis en question. Il y eut le premier pas d'Armstrong sur la Lune en 1969. C'était le rêve. Il y eut l'horreur d'Apollo 13. Ce fut le cauchemar. Dès lors, le monde se posa cette grave question : faut-il continuer à envoyer des hommes dans l'espace, à prendre de tels risques et à dépenser de telles fortunes ? Pour de nombreuses personnalités, comme le célèbre scientifique Van Allen ou l'académicien Jacques Blamont, professeur de physique, conseiller scientifique du CNES, la réponse est non. La présence humaine dans un laboratoire comme Mir coûte beaucoup trop cher et ne représente qu'un intérêt médiocre. Les progrès de l'informatique et de l'électronique ont créé des concurrents beaucoup plus efficaces, et un robot peut accomplir le même travail, sans problèmes médicaux, sans préparation étalée sur de longues années et sans états d'âme. La surveillance de la bonne santé d'un équipage en vol coûte des fortunes pour une efficacité contestable, car le moindre déplacement, la plus petite toux génère des perturbations de la microgravité qui peuvent fausser les expériences, quand un robot reste imperturbable et n'a même pas besoin de respirer ! Les conditions économiques ont changé ces dernières années, et il est difficile de demander aux contribuables, minés par le chômage et les impôts, d'offrir de beaux et fastueux voyages à une poignée de privilégiés. La fin de la guerre froide a ôté à l'homme sa justification symbolique. Jacques Blamont ne mâche pas ses mots :

> Il y a trente ans, l'engouement pour le vol spatial habité exprimait des volontés de suprématie technologique, politique et économique. Aujourd'hui, ces motivations ont disparu, mais une navette habitée est plus médiatique qu'une sonde automatique ! Et les agences spatiales utilisent toujours le symbole de l'homme pour captiver l'attention de l'opinion et justifier leurs colossaux budgets de fonctionnement. Elles sont en cela appuyées par des industries qui constituent des lobbies très influents sur les gouvernements. Parallèlement, le soutien américain et européen aux programmes spatiaux habités russes est destiné à éviter que des ingénieurs au chômage n'aillent offrir leurs compétences à des « pays à risques ». La pseudo-justification de l'homme dans l'espace est donc sociale et politique, mais certainement ni scientifique ni économique. Pour moi, l'homme de l'espace est au sol !

A ces arguments très fondés peuvent s'en opposer bien d'autres car rien ne remplacera jamais l'intelligence humaine pour manipuler de nombreux appareils différents, faire des réglages subtils, réagir à un imprévu ou réparer une panne. Si Djanibekov et Savikyn n'avaient pas remis en état le circuit électrique du Salyout 7 en juin 1985, le vaisseau spatial aurait été carrément perdu ! Les plus ardents défenseurs sont, sans doute, les biologistes qui ne pourront jamais accomplir les mêmes progrès et explorer les mystères de l'impesanteur de la même façon avec des robots. Il leur faut des cobayes, et même de nombreux cobayes. Quand certains hommes boivent deux verres de vin, ils roulent sous la table, tandis que leurs voisins se portent très bien. Dans l'espace, c'est la même chose, les sujets ne réagissent pas de la même façon, et si on n'avait connu que Patrick Baudry, par exemple, on n'aurait pas été bien loin car il est le type même du « mauvais » sujet, jamais malade, toujours en pleine forme. Allez établir des statistiques avec des tempéraments pareils ! Il faut accumuler les expériences pour affiner nos connaissances. La compréhension de certaines règles du corps humain est à ce prix-là, ainsi que notre avenir, comme le rappelle Claudie :

> Il me semble inévitable de continuer d'aller de l'avant, peut-être pas au rythme que l'on avait envisagé, mais c'est incontournable. L'intelligence humaine est indispensable. C'est justement cette « humanité » qui agira en complément des activités automatiques. Cet univers ne pourra pas se vivre uniquement par procuration, par images virtuelles ou par jeu sur ordinateur. Ce n'est pas que cela l'émotion ! Si l'homme se limite à cette artificialité, il limite aussi sa connaissance. Et puis, adhérer à un projet même hautement technologique ne peut se faire que par identification personnelle, et c'est aussi ce que représente le cosmonaute aux yeux du public. Bien sûr, cela coûte très cher, mais c'est notre avenir qui est en jeu. S'il est évident que toutes les priorités ne doivent pas être données à l'espace ou au vol habité dans le spatial, il faut, malgré tout, éviter la stagnation, sinon on va reculer et ce serait terrible pour les générations qui viennent. Toute la recherche spatiale fait avancer les technologies de pointe. Imagine-t-on l'Airbus d'aujourd'hui sans tous les efforts menés sur Concorde ? L'homme poussera toujours plus loin les frontières physiques de l'exploration de

l'Univers. Si ce rêve-là s'évanouit, les désillusions l'emporteront sur la force d'invention...

Alpha, le rêve continue !

Mais derrière toute cette industrie qui prend un visage humain – et ravissant – à travers Claudie se cachent les désenchantements d'une société en crise. En Europe, l'abandon brutal du projet de la mini navette Hermès, qui avait suscité tant d'espoirs, a été le résultat de cette douche froide. La chute du bloc communiste et les déficits monstrueux des Américains ont mis fin à une compétition motivante mais irrationnelle. La seule solution pour continuer la conquête spatiale était de trouver un nouvel accord politique et économique. Après des années d'hésitations, de débats passionnels et de polémiques, les ministres européens ont fini par donner à l'avenir de la conquête spatiale un nouveau tournant, le 20 octobre 1995, à Toulouse. Claudie et tous les autres ont poussé un gros soupir de soulagement : oui, l'Europe participera à la station internationale Alpha !

> C'est une date pour l'histoire de l'Europe spatiale qui retrouve un horizon et une unité, a déclaré le ministre chargé de l'espace, François Fillon. Après la guerre froide et la guerre des étoiles, Européens, Américains, Russes, Japonais, Canadiens vont s'unir pour poursuivre la conquête de l'espace et, à terme, retourner sur la Lune.

On est loin, bien sûr, des stations géantes, desservies par des flottes de navettes luxueuses, que dessinait la NASA au temps béni de Ronald Reagan, et des délires du projet « Freedom », dix fois plus importants ! Alpha sera un grand laboratoire spatial, moins ambitieux mais plus réaliste. Avec ses quatre cents tonnes et ses douze cents mètres cubes de volume habitable, la station mondiale sera une sorte de grand Meccano de la taille d'un beau terrain de football, constituée de morceaux américains (développés depuis une dizaine d'années pour le projet Freedom), russes (déjà prévus pour la station qui devait succéder à l'actuelle Mir), d'un module japonais, d'un autre européen et des robots canadiens. Tous ces éléments vont être assemblés progressivement dans l'espace d'ici 2002, les premiers étant expédiés par les Russes dès cette année. En mai 1998, deux hommes y pendront la crémaillère, l'Américain William Shepherd et le Russe Sergueï Krikaliev, dont on se souvient les mésaventures lors de sa mission au moment de la chute du communisme. Celui que l'on avait surnommé le « cosmonaute oublié » avait dû réclamer son retour sur terre, sentant bien qu'avec tous les problèmes politiques, il n'intéressait plus personne !

Alpha sera dotée d'un vrai confort qui lui permettra d'accueillir des hommes moins préparés que les cosmonautes actuels et sera habitée en permanence par six personnes. Elle constituera surtout un outil fantastique pour les chercheurs de tous les horizons et les astronomes, leur permettant toutes sortes de possibilités : étude de l'activité solaire, détection de particules d'antimatière provenant de l'intérieur de la galaxie, étude plus approfondie de la décalcification osseuse et de la prolifération des globules blancs dans le sang constaté chez les cosmonautes, fabrication de matériaux plus performants, cristaux de protéines, fibres de carbone et autres, banc d'essai des robots « intelligents » qui iront ensuite explorer les planètes, élaboration de nouveaux moteurs ioniques, de faisceaux laser de communication intersatellites, etc. On en rêve déjà ! L'Europe a réussi, non sans mal, à trouver un montage financier unissant tous les pays – une grande première – entre l'Allemagne (41 %), la France (28 %), l'Italie (19 %), la Suisse, la Belgique, l'Espagne, le Danemark, les Pays-Bas et la Norvège qui se partagent le reste de la facture, chacun devant bénéficier de retombées commerciales à hauteur de sa contribution. Elle devra fournir 5,3 % du coût total d'Alpha, c'est-à-dire, pour l'essentiel, le laboratoire Colombus, un « petit studio » de dix tonnes à 7,9 milliards de francs qui recevra des chercheurs en permanence, et le véhicule automatique ATV dont la construction est confiée à l'Aérospatiale. Ce cargo sera lancé par Ariane V tous les seize ou vingt-quatre mois pour apporter sept à neuf tonnes de matériel, fret, vivres, eau, air, carburant. Il servira aussi de remorque quand la station devra être montée en altitude, puis repartira avec les déchets des équipages pour se consumer dans l'atmosphère terrestre. Coût du bijou : 4,2 milliards de francs. Il faudra aussi améliorer le programme d'Ariane V, chargée de desservir la station dès 2002. De quoi fournir des emplois pour les vingts années à venir ; à notre époque l'argument n'est pas négligeable. Pourtant, la station n'existe pas encore qu'elle est déjà l'objet des plus vives critiques. Ce superbe jouet du futur coûtera au total, selon les estimations actuelles, entre deux cent cinquante et cinq cents milliards de francs... ! Une somme à faire tourner la tête, obtenue avec un montage financier très acrobatique – qui laisse déjà prévoir quelques problèmes : les Italiens qui paieront 60 pour cent de leur part grâce à un emprunt à rembourser quand leur économie ira mieux, les Américains qui nous ont habitués aux pires dépassements budgétaires, et les Russes qui n'ont plus un rouble en poche et n'arrivent même plus à protéger leur matériel des voleurs. L'année dernière, les rations de nourriture pour les cosmonautes de la station Mir avaient même disparues au dernier moment, ce qui n'est pas très rassurant. La Russie pourra-t-elle fournir les cinq modules prévus ? Elle commence à vouloir refourguer certains éléments de Mir, considérés comme trop vieux par la NASA. Les discussions de marchands de tapis ne font que commencer. Cette belle union internationale sera-t-elle menée jusqu'au bout ?

Déjà la polémique fait rage, et Robert Bell, professeur d'économie à la City University of New York, et auteur de *Impure Science* (éd. John Wiley), s'insurge contre ce projet :

> De tous les grands programmes scientifiques que j'ai étudié, c'est le plus mauvais et le plus malhonnête. Il est mal coordonné et il n'est même pas prévu de tester au sol la tenue de l'assemblage. Personne n'a été capable de me dire à quoi avaient vraiment servi les 11,4 milliards de dollars déjà dépensés depuis 1984. Je pense que cet argent a été détourné pour d'autres recherches menées par les industriels de l'aéronautique. C'est une subvention déguisée... le Congrès est acheté par l'industrie aérospatiale. Boeing, Rockwell, Grumman, Lockheed-Marietta, Mc Donnell Douglas déversent un flot d'argent sur le Congrès, par le moyen, légal, des soutiens aux campagnes électorales. Et les dirigeants européens qui veulent participer à ce programme jouent ainsi contre leurs intérêts industriels.

Alpha ne servira-t-elle que le camp des grands fournisseurs de l'industrie aérospatiale américaine, nos concurrents ? La belle image de la « paix des étoiles », de l'union internationale, ne serait-elle qu'une vaste plaisanterie ? Sans écouter ces Cassandre, il faut bien trouver l'argent quelque part ! Déjà l'Agence spatiale européenne a annoncé que, dans les trois années à venir, elle se séparerait de cinq cents salariés et réduirait de 9 à 14 pour cent son programme de télescopes spatiaux et de sondes, un programme auquel on doit les missions Giotto, Hipparcos ou Ulysse, l'un des meilleurs du monde, envié même par la NASA ! Tous ces projets seront-ils mis en danger ? Eux qui nous font rêver, nous parlent d'exploration de comètes, d'atterrissage sur Titan, le satellite de Saturne, ou même d'exploration de notre passé jusqu'aux origines du monde comme avec le télescope Hubble...

De quoi faire marmonner les scientifiques dans leur barbe ; ils s'inquiètent de voir la recherche « utile » qui donne des résultats concrets faire les frais de projets plus utopiques. Ils n'ont pas tort, mais avait-on le choix ? Aucun pays ne pouvait prendre le risque de ne pas participer à un projet aussi symbolique, premier grand programme spatial qui unit les ennemis d'hier. Comme le note avec ironie Jean-Jacques Dordain, directeur à l'Agence spatiale européenne : « On a abattu le mur de Berlin sur Terre, il serait ridicule qu'il subsiste dans l'espace ! » Même les plus sceptiques reconnaissent que l'Europe spatiale n'aurait pas survécu à un tel refus. Impossible d'un point de vue philosophique mais aussi économique car le spatial entraîne l'industrie aéronautique, automobile, informatique, médicale, etc. En France, Alcatel ou Matra n'auraient pas atteint leur niveau de compétence sans cette formidable dynamique. Sans elle, nous n'aurions pas de voitures pourvues d'Air Bags, de vélos ou de raquettes de tennis en matériaux ultralégers, pas d'ordinateurs ou de téléviseurs à cristaux liquides, et même pas de poêle Tefal, le bonheur de la ménagère, dont le revêtement a été mis au point pour protéger certaines pièces de satellites ! Malgré les critiques, Alpha est la grande aventure de cette fin de siècle, qui ouvre la voie au troisième millénaire, avec à l'horizon de nouvelles missions sur la Lune pour y installer une base de travail et... faire à nouveau rêver les habitants de la Terre.

> Le rêve, c'est un élément important de notre métier explique Claudie, car, à travers nous, les gens s'identifient un peu à la « conquête de l'espace ». Ils ont parfois plus de mal à s'intéresser au côté utilitaire, observation de la Terre, satellites de communication, etc. Je le vois bien à travers le courrier que je reçois ou les questions que l'on nous pose lors des conférences publiques que nous faisons régulièrement avec le CNES. Mais c'est étonnant comme nous avons du mal à valoriser cet aspect des choses, en étant souvent sur la défensive avec des arguments scientifiques ou techniques. Comme si notre société, si pointue technologiquement, avait du mal à garder sa part d'imagination, de sentiments, d' « humanité ». Pourtant, s'il est un domaine où tous les rêves sont possibles, c'est bien celui-là !

La fin du siècle nous promet la Lune

En effet, il suffit de regarder notre voisine la Lune pour rêver d'une ère nouvelle. Car elle continue de nous en promettre ! Lentement mais sûrement, elle s'est imposée comme le site idéal pour continuer notre conquête. Pourtant, elle revient de loin ! Dès que les Américains ont abandonné tout projet la concernant en 1972, sa seule évocation vous faisait passer pour un doux rêveur. Renversement de situation : même si nous bataillons actuellement entre restrictions budgétaires et marchandages politico-industriels, on nous offrira la Lune, un jour, dans un avenir meilleur, dès que les finances seront au beau fixe. Car la belle comporte de nombreux avantages : une station satellisée gratuitement à trois jours seulement de la Terre et d'une stabilité quasi parfaite, sans air ni tremblements de terre, sans vent ni nuages, aucune perturbation atmosphérique qui dérègle les machines, une absence totale d'atmosphère permettant de capter tous les rayonnements, une lenteur de rotation qui offre une nuit de quinze « jours » (trois cent quarante heures d'affilée), pour observer les étoiles et les galaxies, suivie d'une journée de quinze jours pour étudier le Soleil. Elle est même dotée d'oxygène que l'on saura un jour extraire de son sol pour respirer et de matériaux qui permettraient de construire sur place des bâtiments ou certains instruments trop grands à transporter. Qui dit mieux ? Des chercheurs de la NASA viennent récemment d'obtenir de l'eau, en portant à 1050° un mélange d'hydrogène terrestre et d'oxygène trouvé dans des échantillons de sol lunaire. Ils savent déjà que l'on pourra extraire cet hydrogène de la surface de la Lune, ce qui nous procurera facilement de l'eau sur place. Eau et oxygène, il ne faut rien de plus pour vivre ! Pour les astronomes, Dame la Lune s'avère même plus intéressante que l'espace car les télescopes doivent rester à six cents kilomètres d'altitude et font du « rase-mottes » au-dessus de la Terre, ne donnant pas toujours des images très satisfaisantes, souillées par la pollution, faible mais réelle, des gaz et de l'atmosphère. Sans oublier les dangers de plus en plus importants que représentent les débris laissés par notre activité spatiale !

Déjà la NASA étudie les équipements nécessaires pour une future base lunaire et, dès 2001, une mission européenne devrait envoyer un engin sur le pôle Sud, avant de déposer des instruments d'observation.

Le GEROMS, Groupement pour les études en robotique mobile spatiale, de Toulouse, teste de son côté des véhicules sur une zone « Lune » de trois mille mètres carrés recouverte de graviers et de sable grisâtre qui ressemble au sol lunaire, et sur la zone « Mars » de six mille mètres carrés, avec des monticules et des crevasses rouges évoquant les reliefs de la planète martienne. Par ailleurs, Antoine Labeyrie et son équipe de l'Observatoire de la Côte d'Azur ont inventé de nouveaux systèmes dont le LOISA, composé d'une trentaine de télescopes optiques et infrarouges que l'on installerait sur la Lune en 2025, voire 2050, qui seraient capables de compter le nombre de sucres que vous mettez dans votre tasse à café ! On imagine les perspectives fabuleuses et les découvertes de centaines de nouvelles planètes... De quoi bouleverser notre connaissance de l'Univers et nous ouvrir les frontières des autres mondes.

Mais déjà nombre de scientifiques s'affolent de ces projets grandioses, comme Roger-Maurice Bonnet, directeur des programmes scientifiques de l'ESA, qui poussait un cri d'alarme dans les colonnes du journal *Ciel et Espace* : il faut protéger la Lune, ne pas la laisser exploiter et polluer par les hommes, comme ils l'ont déjà fait dans des terrains vierges comme l'Antarctique ou le pôle Sud. Sans accord international, ses richesses minières extraordinaires vont attirer des capitalistes sans scrupules : silicium, aluminium, fer, magnésium, titanium, thorium... Elle contient surtout des milliers de tonnes d'hélium 3, une énergie très bon marché, qui pourrait alimenter toute la consommation électrique des États-Unis... pendant quarante-cinq mille ans ! De quoi faire baver les business-men, d'autant que les Américains ont refusé de signer le traité de la Lune, proposé en 1979 par les Nations unies, le considérant comme un frein à la « libre entreprise ». On tremble...

Les projets les plus fous risquent de voir le jour dans les années à venir, comme la société Luna Corp qui s'est créée récemment pour ouvrir le premier parc d'attractions lunaire. Il s'agit de déposer sur le sol lunaire des robots télécommandés pour y organiser une sorte de rallye. Ils devront parcourir des milliers de kilomètres pour rejoindre le drapeau américain. La NASA approuve cette idée juteuse qui pourrait redonner un peu de passion au public. Lancement prévu en 1998... si les cent soixante-trois millions de dollars nécessaires sont réunis.

Mais en cette année 1996, Claudie se contentera d'un séjour dans la station Mir ! Au printemps, le froid a brusquement fait place à un soleil magnifique :

> La métamorphose très rapide de la nature a été fabuleuse s'extasie-t-elle. J'ai pris deux photos de ma chère forêt de bouleaux, à une semaine d'intervalle ; en quelques jours, elle s'était couverte de feuilles vertes ! Je ne me lasse pas de regarder ce spectacle. Au mois de mai, nous avons appris officiellement le report de la mission à la mi-août, ce dont nous nous doutions déjà. C'est finalement très agréable car cela nous a laissé un mois de plus, pour améliorer certains points, mais aussi nous détendre. Nous en avons profité pour faire quelques « chachlik », des parties-brochette, au bord du lac, avec mes coéquipiers russes. Chacun apporte son pique-nique et c'est très sympathique. Nous avons une complicité plus grande, de jour en jour. Au début, mon commandant de bord avait tendance à me surveiller du coin de l'œil, à ne pas écouter mes remarques ; je sentais qu'en tant que femme il fallait que je prouve ce dont j'étais capable, quitte à faire deux fois plus d'efforts qu'un homme. Aujourd'hui, nos relations sont très différentes. Si je compare avec mon équipage précédent, je ne ressens pas la dualité père-frère, mais plutôt une camaraderie bon enfant. Peut-être aussi

est-ce moi qui ai progressé depuis trois ans et que la notion d'équipage prend sa signification professionnelle dans un réel partage des tâches et des responsabilités.

Les cordons-bleus du spatial

Parions, en tout cas, que nos compères se lèchent les babines à l'idée d'emmener une Française, car, grâce à sa présence, ils vont s'offrir un sacré petit gueuleton ! Au menu : tomates confites en entrée, daube de joues de bœuf ou espadon provençal, suivi d'un riz au caramel. Ils pourront aussi opter pour les cailles au madiran en entrée, confit de canard aux câpres ou calmar à l'armoricaine et semoule aux abricots, hum... ça change du filet de poulet en tube et de la mauvaise crème au chocolat déshydratée que les cosmonautes avaient l'habitude de manger jusque-là ! Mais qui a eu cette alléchante idée ? Richard Filippi, professeur de cuisine, en entendant une interview de Jean-Pierre Haigneré à la radio, qui se plaignait de la nourriture insipide qu'il n'arrivait même plus à avaler à la fin de sa mission. Avec Dominique Meriguet, professeur de biotechnologie, et l'élève Nicolas Soulié, ils vont réussir une grande première : quatre repas pour six cosmonautes élaborés par le lycée professionnel et technologique de l'hôtellerie et de l'alimentation « Quercy-Périgord » de Souillac, une région où on connaît les bonnes choses, té ! Il aura fallu plus de deux ans pour mener à bien ce projet des « gastronautes », car le pari est complexe.

Les aliments doivent comporter des valeurs nutritives, notamment des protides, capables de compenser les problèmes organiques que subissent les hommes de l'espace : déminéralisation de la charpente osseuse, affaiblissement de la masse musculaire, perte d'eau et des minéraux dans les urines. Ils doivent aussi favoriser le transit intestinal pour éviter la constipation. Il faut encore qu'ils donnent de l'appétit car le repas est un des rares moments de plaisir et de retrouvailles, donc l'impact psychologique est très important. Couleur, saveur, texture, odeur, aspect, tout est primordial. Le plus merveilleux des saumons à l'oseille qui arrive avec une forme bizarre et un rose douteux suffit à vous couper l'appétit et... la bonne humeur ! D'autant qu'avec les mouvements du sang les papilles deviennent plus sensibles et la perception du goût change totalement. Le sel, par exemple, devient rapidement insupportable, tandis qu'on a tendance à trouver les aliments plus fades. La consistance doit aussi être assez épaisse pour que les bouchées restent collées dans la cuillère le temps d'arriver à la bouche, sinon le repas se transforme en course-poursuite. Quant aux liquides, on les boit avec une paille spéciale, dotée d'une pince qui arrête l'écoulement du liquide quand on le désire et qui prête toujours à de franches parties de rigolades ! Enfin, il faut penser aux emballages, légers, étanches, capables de résister à une accélération de 6 g, avec des plats faciles à préparer (à passer au four ou à réhydrater avec un peu d'eau chaude, rien de plus !) et surtout sans odeur, car sentir le graillon au milieu des étoiles, c'est dur à digérer !

Jusqu'à présent Jean-Loup Chrétien avait eu droit à quelques boîtes de « la Comtesse du Barry » qui sont d'ailleurs exposées au musée de la Cité des Étoiles. De son côté, la NASA a souvent fait des efforts pour satisfaire la gourmandise de ses astronautes, et Patrick Baudry avait eu la chance de se taper la cloche en emportant civet de lièvre à l'alsacienne et pâté au poivre vert. Mais légèrement écœuré par la crème de crabe et la mousse au chocolat qui supportent très mal l'altitude, il s'était vengé sur les pâtes de fruits qu'il faisait valser dans les airs avant de les gober en plein vol. Les Américains ont d'ailleurs le projet d'envoyer des pommes à bord de leur navette pour voir comment elles voyagent et si elles peuvent être consommables. Bon ap'.

Claudie aura la chance d'avoir de bons petits plats bien de chez nous, mais aussi de retrouver dans la station Mir l'Américaine Shannon Lucid, grande professionnelle avec 5 vols, qui est en train de battre le record du séjour le plus long dans l'espace pour une femme. C'est la première rencontre d'une Française et d'une Américaine dans les étoiles.

> J'ai, une fois de plus, l'impression d'avoir de la chance, constate Claudie. Même ce retard imprévu qui nous a déçus sur le moment, parce que l'on est toujours impatient de partir, a été très bénéfique. Il m'a permis de me retrouver avec moi-même. J'avais tellement travaillé que je n'avais jamais eu le temps de me poser. J'avais envie de m'occuper un peu de moi, tout simplement. D'autant plus que Jean-Pierre étant souvent à Paris, je me retrouvais seule, avec des soirées pour lire, réfléchir. Aussitôt la mission terminée, vous rentrez dans le tourbillon de la vie parisienne, vous vous retrouvez face à des gens qui attendent beaucoup de vous, vous posent toutes sortes de questions. Mais encore faut-il avoir des réponses à leur donner ! J'avais fortifié mon intellect et mon corps, j'avais besoin de renforcer ma tête ! Ne serait-ce que pour être prête à accepter un tel choc, une émotion aussi intense : on ne va pas se promener au-dessus du monde tous les jours !

Le coup de Mars ? Ça repart !

L'émotion fait partie du voyage, avec toujours l'espoir d'aller plus loin, plus haut. Des satellites, puis la Lune et bientôt Mars ? Ce n'est pas du délire, mais un projet tout à fait sérieux. Actuellement, si l'on ne peut s'offrir une telle expédition, estimée à deux cents ou trois cents milliards de dollars, on peut du moins la préparer et réfléchir aux nombreux problèmes qu'elle posera. Car il s'agira de gagner un formidable pari technique. Nous n'en sommes plus à la flotte imaginée par l'ingénieur Werner von Braun dans les années 50, composée de dix-neuf vaisseaux avec sept hommes par équipage. Pourtant, cette première mission risque de ressembler à une grosse caravane, qui transporterait cinq personnes, un matériel important, des provisions d'oxygène et d'eau, et pèserait, selon les calculs actuels, plus de... mille tonnes ! Impossible à lancer en une seule fois, il faudrait donc procéder à plusieurs lancements et ensuite arrimer les différents éléments dans l'espace avant de prendre le départ.

Après les données techniques du vol, il faudra étudier celles, plus complexes, du séjour sur cette planète inhospitalière, dont la température varie entre – 140° et + 17°, où des vents d'une grande violence provoquent des tempêtes interminables de poussières, où l'absence de champ magnétique rend les radiations terriblement dangereuses. Les projets de séjours de deux ou trois ans ont été revus à la baisse : les premières missions ne devraient pas durer plus d'un ou deux mois et seront limitées à des petits équipages, deux astronautes restant en orbite tandis que trois autres s'aventureront à la surface. Progressivement, si tout se passe bien, on pourra envisager des séjours plus longs, et l'installation d'une station martienne, grâce à l'énergie nucléaire, deviendra de plus en plus possible en la rendant autonome. L'eau et l'air seront fournis sur place, l'oxygène serait produit à partir des roches de la croûte martienne et de l'oxyde de fer qui s'y trouve. La majeure partie de la nourriture sera cultivée dans une serre telle qu'on l'expérimente avec Biosphère 2, en Arizona. Cette miniplanète sous cloche comporte océan, marécage, forêt tropicale, désert, savane, zone d'élevage et d'agriculture où vivent toutes sortes d'animaux. Ce modèle de colonie spatiale fait appel aux technologies les plus pointues, notamment aux cellules de cultures de plantes qui évitent d'emporter des graines. Elles périraient durant le parcours ou germeraient. On pourrait aussi extraire du gaz carbonique du sol afin de densifier l'atmopshère, ce qui entraînera un effet de serre en piégeant les rayons du Soleil et réchauffera la planète. Cette fois-ci, nous entrons de plain-pied dans un scénario de science-fiction qui fait rêver les chercheurs de la NASA, appelé le « terraforming », terme inventé dans les années 40 par l'auteur de romans futuristes, Jack Williamson. L'idée est de modifier les conditions climatiques pour créer la vie sur une planète stérile. Mars, bien sûr, mais plus tard, si cela fonctionne, Vénus ou les satellites de Saturne et de Jupiter, pour une vaste conquête baptisée « ingénierie planétaire ». En ce qui concerne Mars, plusieurs propositions, plus folles les unes que les autres, ont été proposées afin de réchauffer l'atmosphère, seule condition pour créer la vie. L'astronome Carl Sagan a suggéré, en 1970, de saupoudrer la surface de poussières sombres ou d'y répandre des lichens noirs, comme ceux de l'Antarctique, pour absorber les rayons solaires. N'ayant peur de rien, Fritz Zwicky a carrément pensé que le plus simple était de rapprocher la planète du Soleil pour qu'il fasse bien chaud... Ben voyons ! Trouvant cette solution un peu compliquée, Arthur Clarke a penché pour déclencher une réaction de fusion nucléaire sur un des deux petits satellites martiens et en faire un soleil miniature. Le Britannique James Lovelock, lui, préférerait pulvériser des CFC, les fameux gaz à effet de serre que contiennent nos réfrigérateurs et qui pourraient cette fois-ci se rendre très utiles.

Pour nous prouver que ces délires peuvent donner jour à une réalité dans un siècle ou deux, et pour mieux entretenir le rêve, la NASA a produit le film *Destiny in Space* diffusé en 1995 à la Géode de la Villette. Sur des images de synthèse, on y voit la transformation progressive de ce désert glacé. On y saupoudre des lichens noirs qui captent les rayons du Soleil, provoquent un effet de serre et liquéfient la glace piégée dans le sol. Progressivement l'eau reprend ses droits. Après quelques années, une fois que la température moyenne est montée à 0°, des nuages se forment et enclenchent le cycle d'évaporation et de condensation qui donne naissance aux ruisseaux, rivières et fleuves. L'étape suivante montre les lichens (nourris par l'eau et le CO_2) qui fabriquent de l'oxygène, grâce au mécanisme de la photosynthèse, c'est-à-dire la transformation de l'énergie de la lumière en énergie chimique, comme le font toutes les plantes vertes que l'on expose au soleil. Il suffirait ensuite d'apporter des micro-organismes, algues et bactéries, naturels ou génétiquement manipulés pour s'adapter à l'environnement martien. Toute cette végétation donnerait alors une atmosphère respirable à la planète. A nous la belle Rouge !

On pourrait lâcher des animaux et faire venir des colons pour une nouvelle ruée vers l'Ouest. On imagine déjà les charters, pleins d'immigrés terriens prêts à tout pour faire fortune sur ce nouvel Eldorado. Élevage, pisciculture, agriculture, ressources minières et peut-être pétrolifères : la planète deviendrait à terme autosuffisante et... très rentable. Les dernières images du film montrent un nouvel American Dream, à vous glacer le sang, avec de belles villes, pleines de gratte-ciel et d'autoroutes. On reproduirait, à cinquante-six millions de kilomètres de chez nous, les mêmes erreurs. Après avoir abîmé la Terre, on viendrait polluer Mars : décidément, il n'y a rien de nouveau à l'horizon... Mais si l'idée peut faire glousser les sceptiques, elle n'est pas impossible à long terme. Cette « terraformation » pourrait s'effectuer en deux siècles, moins de temps qu'il n'en fallut aux bâtisseurs de cathédrales pour construire Notre-Dame...

L'histoire flamboyante de la planète rouge

Notre passion pour la planète Mars, dix fois plus petite que la nôtre, remonte à la nuit des temps. Les Grecs, puis les Romains, honorent sa couleur de sang en lui donnant le nom du dieu de la guerre. Sa lumière flamboyante enflamme les imaginations chimériques. Elle répand le mal et partage ses crimes avec Saturne, aussi brûlante que ce dernier est glacial. Pour les astrologues, quand Mars domine notre horoscope, on perd la vie brusquement, tandis que Saturne nous fait mourir d'une longue et cruelle maladie. Ils se répartissent le sale boulot ! Avec une telle symbolique, on préfère ne pas savoir si de néfastes guerriers vivent en cette horrible planète. D'ailleurs, à une époque où la Terre occupe le centre du monde, le sujet n'intéresse personne ! Avec Copernic on découvre que notre planète tourne comme les autres autour du Soleil, et on se dit qu'elle n'est peut-être pas la seule à donner la vie. Mais Mars n'a pas de satellites (on ne découvrira les deux petits satellites martiens qu'avec Asaph Hall en 1877) ; or Dieu n'a-t-il pas créé la Lune pour illuminer la nuit des hommes ? Si Mars ne possède pas cet avantage, c'est qu'elle n'en est pas digne ! Kant et bien d'autres expliqueront que le monde se divise en deux, les astres supérieurs, tel Jupiter, digne de recevoir des êtres sages et intelligents, et les astres inférieurs, dont Mars, qui ne peuvent être habités que par des créatures végétatives, incapables de raison. Pourtant Swedenborg, dans *Des terres dans notre monde solaire* (1758), raconte que les martiens viennent le voir régulièrement en songe, hommes célestes merveilleux, qui utilisent un langage tacite, ne nécessitant aucun son puisqu'il atteint directement l'esprit, et qui ne connaissent que l'amour et la paix. Avide de détails, il explique même avoir été présenté à l'un d'eux, dont le visage ressemblait aux terriens mais avec, à la place de la barbe, du noir jusque sous les oreilles, et une partie supérieure « comme la face des habitants de notre Terre qui ne sont pas absolument blancs ».

Les chroniques martiennes vont devenir vraiment délirantes dès la fin du XIXe siècle avec la « découverte des canaux ». C'est le père jésuite Angelo Secchi qui remarque le premier de grandes lignes droites noires reliant des taches sombres sur Mars, qu'il baptise *canali*, c'est-à-dire « chenaux » ou « bras de mer ». En 1877, Schiaparelli, directeur de l'Observatoire de

Milan, en dresse une carte détaillée, reprenant le même terme qui sera mal traduit en anglais par *canals*. De cette erreur va se répandre dans le monde le mythe des canaux dont le tracé semblent si rectilignes, si parfaits qu'il ne peut être naturel. Il est l'œuvre d'êtres intelligents. Les martiens existent, ils sont paysagistes ! Bien que très controversés, les « canalistes » continuent leurs travaux et leurs influences. Dès les débuts de la radio, en tente d'écouter des bruits, des signaux... sans résultat. Camille Flammarion, canaliste convaincu, en conclut que « peut-être les martiens ont-ils essayé auparavant, à l'époque de l'iguanodon et du dinosaure, et se sont-ils fatigués ? » Mais le fantasme a la vie dure et fera encore courir des milliers de gens sur les routes d'Amérique, en 1938, quand Orson Welles s'amuse à adapter *La Guerre des mondes* de H.G. Wells à l'antenne et annonce l'arrivée des envahisseurs venus de Mars, créant la plus grande panique radiophonique.

Pourtant, les sondes lancées par les Soviétiques et les Américains dès 1962 ne donnent guère de résultats positifs. Il faudra attendre les années 70 et les observations des sondes Mariner, Mars et Viking pour que notre vision de ce monde soit totalement bouleversée. On constate que son sol renferme des quantités surprenantes d'oxygène, de l'hydrogène, du carbone, du calcium, du fer et plus de cent combinaisons chimiques. Et puis, on découvre des images impressionnantes de canyons gigantesques et de volcans dont le plus haut, l'Olympus Mons, culmine à vingt-sept kilomètres avec un diamètre de six cents kilomètres à la base. Mais, surtout, des vallées sinueuses comme des fleuves asséchés prouvent la présence d'eau en grande quantité, à l'époque où la vie apparaissait sur Terre grâce... à l'eau. En ce temps-là, Mars était, elle aussi, recouverte d'océans, de lacs et de rivières. La vie n'a-t-elle pu éclore ou, au contraire, les mers étaient-elles peuplées de bêtes étranges ? Comme la Terre, elle s'est formée il y a 4,6 milliards d'années, sans doute par condensation de poussières et de débris cosmiques. Lentement, les deux planètes se sont refroidies, laissant de multiples éléments chimiques former des molécules de plus en plus complexes qui allaient devenir les bases de la vie. Mais il semble qu'un jour, il y a environ 3,8 milliards d'années, quand les premiers êtres firent leur apparition sur la Terre, Mars fut frappée par l'apocalypse : bombardements météoritiques, pluies diluviennes, éruptions volcaniques violentes, effondrements et soulèvements de l'écorce... La pauvre planète finit par subir un terrible refroidissement, faisant disparaître l'eau progressivement et, avec elle, toute espérance de vie. Après moult analyses et études, on a dû, malgré tout, conclure à l'absence de vie sur Mars, sans en être tout à fait sûr, car de nombreuses questions restent sans réponses. L'unique façon d'avoir des preuves serait d'envoyer des hommes pour fouiller les couches sédimentaires de ces anciennes mers et de ces lacs afin d'y retrouver des fossiles, y découvrir des traces du passé. La planète rouge n'a pas encore révélé tous ses secrets...

Si les années 60 ont permis de rêver de la Lune, les années 80 ont été celles de Mars, toujours prête à alimenter nos rêves les plus fous. Quand l'orbiteur de Viking 1 nous donna le 25 juillet 1976 l'image d'un immense plateau ressemblant à un visage humain, ce fut le choc ! Le « Cydonia Face » ou « Visage martien » enflamma à nouveau les esprits, surtout que l'on identifiait, non loin de là, trois formations rocheuses qui ressemblaient étonnamment à des pyramides. Las ! Les petits hommes verts nous échappent une fois encore : il ne s'agit que de l'érosion de Dame Nature qui sait tant nous séduire avec ses talents d'artiste. Cela valut tout de même à la NASA le mécontentement de quelques manifestants, persuadés qu'on voulait leur cacher les traces d'une civilisation martienne ! Plus sérieusement, on a étudié des véhicules capables d'y circuler et d'y étudier le sous-sol, ce qui fit déclarer au président Bush, le 20 juillet 1989, que l'on allait retourner sur la Lune avant d'entreprendre « un voyage dans le futur, un voyage vers une autre planète, une mission habitée vers Mars » ! Mais la chute du communisme et le désenchantement américain, avec la perte de Mars Observer en 1993, ont freiné les enthousiasmes. Pourtant, aujourd'hui, l'intérêt pour la planète sœur reprend du service, elle qui pourrait sans doute nous en apprendre tant sur notre propre avenir...

Récemment, les planétologues américains Griffith et Shock ont reformulé l'hypothèse de l'eau gelée et du dioxyde de carbone stockés dans le sous-sol, où l'on pourrait trouver des formes de vie adaptées aux profondeurs. En janvier 1996, une trentaine de spécialistes se sont réunis à Londres pour étudier cette possibilité. Pourquoi un tel revirement ? Parce que, entre-temps, les biologistes ont démontré l'existence de formes de vie dans des endroits considérés jusque-là impossibles. Karl Stetter, microbiologiste de Ratisbonne, en Bavière, a ainsi découvert des bactéries primitives en mer du Nord, qui se débrouillent très bien sans lumière, sans air, et dont le métabolisme s'alimente grâce au soufre des volcans sous-marins et à la chaleur des champs pétrolifères. Ces drôles de bêtes qu'il a baptisées « nodules primitifs lithophages », ou, plus poétique, « bolides foudroyants », servent de nourriture à de grands vers blancs à anneaux qui mesurent jusqu'à un mètre de longueur. Pas de petits hommes verts, mais de gros vers blancs ? Brrr... De toute façon, vu l'énorme gravité qui règne sur Mars, rien ne pourrait ressembler à ce que nous connaissons. Ce qui fait dire à Paul Murdin, directeur scientifique du British National Space Center que, « s'il y avait des êtres vivants, ils seraient plats et gros, et non longs et minces. Et on pourrait supposer que ces créatures se déplaceraient sur le côté ». Pas très sexy, le genre martien...

L'angoisse du grand voyage

Mais, pour aller vérifier sur place, le problème majeur auquel devra se heurter l'homme, c'est... lui-même. D'un point de vue médical mais surtout psychologique. La médecine spatiale a fait de grands progrès et les données qui vont suivre le séjour de Poliakov à bord de Mir durant quatorze mois devraient nous permettre de mieux connaître encore les réactions du corps au cours d'une longue mission, mais on est encore loin des deux ou trois années nécessaires pour un aller-retour sur Mars ! D'autant plus qu'arpenter cette planète avec un scaphandre sera extrêmement éprouvant et qu'il faut toujours compter sur des imprévus, accidents, maladies ou déprimes, avec une assistance médicale beaucoup moins importante et des contacts beaucoup plus compliqués à cause des trente-huit minutes de temps de propagation des communications entre les deux planètes. Il ne pourra donc s'agir que de télémédecine, permettant à un spécialiste d'aider, depuis le sol, les cosmonautes à faire leur propre diagnostic. Même s'ils sont très sévèrement sélectionnés sur le plan médical et psychologique, ces premiers « martionautes » devront surtout affronter une épreuve redoutée par les plus endurcis et les plus expérimentés : l'absence de la Terre... La voir, au fil des jours, rapetisser et devenir un petit point semblable aux autres, se sentir loin de tout, complètement livré à soi-même, seul face au danger toujours possible, cela peut sembler intolérable. Sans oublier les difficultés que connaissent déjà ceux qui partent sur Mir, dues à l'environnement confiné, aux tâches répétitives et au rythme de vie monotone : ennui, caractère irritable, agressivité vis-à-vis des autres, repli sur soi, perte des capacités intellectuelles, dépression... On pense aujourd'hui qu'il faudra un équipage de cinq à sept personnes, le nombre impair permettant de prendre une décision à la majorité, mais des discussions ont encore lieu pour savoir s'il comprendra des femmes. Certains sont partisans d'équipes masculines comme dans les stations antarctiques. Pourtant, l'expérience d'isolement Exemsi a montré que, dans un groupe mixte, les femmes pouvaient modérer les conflits entre les hommes et que leur présence était excellente pour le moral !

Autre point de divergence : faut-il choisir des célibataires, avec les risques de séduction, de jalousies éventuels ? Ou, comme le préconisent les Américains, des couples, choisis pour leur stabilité affective et entraînés à vivre dans de telles conditions sans se faire des scènes de ménage qui seraient du plus mauvais effet ? Claudie et Jean-Pierre auraient-ils des chances de faire partie du grand voyage ?

> On rentre dans le domaine du grand rêve ! s'exclame-t-elle en riant, mais si c'est possible un jour, bien sûr que j'adorerais participer à une telle mission. Comment voulez-vous refuser ? D'autant plus que c'est un

de nos grands problèmes, à nous cosmonautes : nous sommes à peine partis que nous songeons déjà à la prochaine fois et les vols sont rares ! C'est un peu minant. Quand on fait ce genre de métier, on est appelé un jour ou l'autre à se poser des questions sur notre avenir, sur notre rôle vis-à-vis des autres. Avant ma mission Cassiopée, j'ai ressenti un besoin intense de trouver des réponses à certaines questions : après toutes ces années d'efforts, ça y est, j'allais partir dans quelques jours, oui mais pourquoi ? J'ai lu l'ouvrage de Dominique Simonet et Joël de Rosnay, *Les Origines de la vie*, et j'y ai trouvé des clefs. Le livre de Luc Ferry, *L'Homme-Dieu, le sens de la vie*, m'a passionnée lui aussi. Il développe l'idée qu'autrefois tout notre système de pensée était basé sur la religion, que nous nous efforcions de donner à Dieu un visage plus humain ; c'était « l'humanisation du divin », alors qu'aujourd'hui l'homme a pris le premier rôle dans notre société et que nous assistons à la « divinisation de l'humain ».

L'homme se sent, en effet, pousser des ailes quand il envisage de partir dans les étoiles, sur la Lune, et bientôt sur Mars. Si techniquement nous pouvons envisager un tel exploit, ce ne sera guère avant quinze ou vingt ans. D'ici là, il faudra étudier le terrain. Normalement, si tout va bien, à la fin de cette année 1996, la NASA, avec l'aide des Européens et des Russes, espère lancer le véhicule Pathfinder et la sonde orbitale Mars Global Surveyor. Cette dernière, équipée d'une caméra numérique, devra reprendre la mission avortée de Mars Observer disparue en août 1993 : dresser une carte et indiquer les zones possibles d'atterrissage. Ensuite, en juillet 1997, on tentera de poser Pathfinder sur la planète afin qu'il nous donne des informations plus détaillées sur le relief. On compte faire une vingtaine de missions internationales d'ici 2003. Même si ces projets sont ralentis pour des questions économiques, nous irons un jour, c'est certain, sur Mars, et nous retournerons sur la Lune, ne serait-ce que pour mieux parcourir notre passé.

L'an 3000, c'est déjà demain...

Les adeptes de la vieille théorie de la panspermie, régulièrement remise au goût du jour, pensent que l'origine de la vie est dans l'espace. Francis Crick, prix Nobel avec J. Watson et M. Wilkins pour leur découverte de la structure de l'ADN, croit que des milliards de bactéries ont pu être apportées par un vaisseau spatial venu d'une planète lointaine où une civilisation très évoluée aurait organisé cet exil permettant de créer la vie ailleurs. Plus sérieusement, on a découvert des molécules interstellaires qui pourraient être à l'origine de la vie terrestre, et les astronomes se demandent même actuellement si tout ne viendrait pas de Mars, justement. Chaque année, près de cinq cents tonnes de matière martienne tombent sur notre planète et la NASA vient de découvrir des bactéries primitives qui nous laissent les plus grands espoirs.

Par ailleurs, nous décelons sans cesse de nouvelles planètes, et régulièrement des progrès scientifiques bouleversent notre conception de l'avenir. Alors qu'Einstein a développé sa théorie de la relativité restreinte en 1905, déclarant que la vitesse de la lumière était impossible à dépasser, un laboratoire allemand vient de réussir à faire voyager une particule 4,7 fois plus vite que la lumière ! Une prouesse qui sème le trouble chez les physiciens, car si nous pouvions l'appliquer à des objets plus importants, elle remettrait en question toute notre technique de voyage dans l'espace et... dans le temps. Actuellement, une des hypothèses qui a le vent en poupe est celle des « trous de ver ». Des calculs prouvent que différentes régions de l'Univers peuvent être reliées entre elles par des « tubes », un peu comme une pomme serait traversée par des tunnels creusés par des vers. D'après cette théorie, si nous réussissons à créer un de ces tunnels dont une sortie serait sur la Terre et l'autre réglée pour voyager à une vitesse proche de celle de la lumière, il serait possible de sortir du trou avant même d'y être entré ! Aussi hallucinant que cela paraisse, ce n'est pas impossible, mais le problème est de fabriquer ces tunnels. Car, d'après les calculs de Kip Throne, de l'Institut de technologie de Californie, tout indique que ces sorties de tunnel sont trop éphémères : un vaisseau spatial n'aurait même pas le temps d'y passer. Il faut donc augmenter leur durée de vie, en les entourant, peut-être, d'un champ antigravitationnel qui les maintiendrait en place pour un temps suffisant. Actuellement nous ne savons pas produire de force antigravitationnelle, mais, selon les récentes théories du Big Bang, l'Univers en expansion est rempli de « matière exotique » qui produit une « force gravitationnelle répulsive ». Trouver une matière dotée d'un tel pouvoir ne semble donc pas impossible. C'est actuellement dans cette direction que l'on travaille. Mais cette hypothèse pose le problème déjà soulevé par la science-fiction : si nous parvenions un jour à parcourir des centaines d'années-lumière en une année par exemple, nous reviendrions sur terre pour découvrir une civilisation inconnue, appartenant aux générations futures. Notre famille serait morte depuis des siècles, toutes nos références seraient reléguées au musée, et nous tomberions peut-être par hasard sur un bout de la statue de la liberté surgissant du sable comme dans *La Planète des singes*.

Une autre théorie permettrait d'éviter ce détail désobligeant, celle du chercheur Miguel Alcubierre de l'Université du pays de Galles à Cardiff. Il affirme avoir trouvé un moyen théorique pour passer d'un bout à l'autre de la Galaxie instantanément. « Je regardais *Star Trek*, raconte-t-il, et j'ai pensé qu'il devait y avoir un moyen de le faire. » Comme quoi, un bon feuilleton à la télévision avec des gens aux oreilles pointues qui appuient sur un bouton pour se retrouver sur une autre planète peut bouleverser bien des choses dans la tête d'un homme ! Cette fois-ci, Michel Alcubierre compare l'espace à un drap pas trop tendu sur lequel sont dispersées des billes de métal. Chacune d'entre elles déforme légèrement le tissu autour d'elle, et si elles se rapprochent les unes des autres, elles s'attirent dans un même trou. De la même façon, plus une étoile est importante, plus elle « déforme » l'espace autour d'elle. L'idée est donc de rassembler suffisamment de matière, sur un même point, pour « forcer » la courbure de l'espace-temps. Il suffirait de compresser l'espace-temps devant le vaisseau spatial et de le décompresser derrière lui pour éliminer la distance et voyager instantanément. Comment ? Avec un morceau de matière très lourd, ou un trou noir, à condition de ne pas être irrémédiablement attiré par la masse de cet objet. Pour rétablir l'espace-temps derrière soi, il faudrait, là encore, l'aide d'une matière antigravitationnelle. Cette chimère fait sourire bien des ingénieurs, mais certains y travaillent, qui veulent garder la foi, persuadés que l'on pourra peut-être y parvenir un jour. Qui aurait prédit il y a deux siècles que nous enverrions des hommes sur la Lune ? Si nous découvrons un jour cette matière magique, les portes de l'Univers et du temps s'ouvriront à nous...

> Quelle que soit la direction vers laquelle nous allons, c'est la première fois dans l'histoire de l'humanité que nous commençons à avoir une idée de notre origine, grâce à la théorie du Big Bang, nous rappelle René Bost, directeur du MEDES. Quand on pense qu'au XIXe siècle l'archevêque de Cantorbéry calculait l'âge de notre univers en additionnant les générations citées dans la Bible, ce qui donnait le résultat de soixante-dix mille ans, on mesure l'extraordinaire évolution de la pensée humaine en un siècle ! Nous vivons le début d'une histoire formidable, et la recherche rejoint la philosophie, quand on relit les thèses de Teilhard de Chardin : l'homme est une œuvre qui n'est pas terminée, car, à travers la connaissance, il se rapproche de Dieu, de celui qui crée, et, par l'intelligence, il parviendra à devenir lui-même ce Dieu qu'il cherche.

Nous avons fait un premier pas vers la conquête spatiale mais ce n'est qu'un petit pas. Claudie Deshays a vécu, comme d'autres, deux semaines dans les étoiles et ressent elle aussi la « nostalgie de l'espace ». Malgré les années d'efforts, les sacrifices de sa vie privée, les nuits à travailler, elle rêve déjà de repartir. Elle croit en cet horizon, plein d'embûches mais aussi d'espérances, qui promet d'extraordinaires évolutions pour les générations futures. A l'heure où l'homme s'interroge sur la destinée de son espèce, il peut encore rêver à sa plus haute – et dangereuse – ambition : partir à la conquête de l'infini dans « ce vaisseau construit par le chiffre et le songe », selon le mot de Victor Hugo, qui lui permettra de devenir Dieu ou... Diable !

JOURNAL DE BORD

En ce début du mois d'août 1996, les choses se précisent pour Claudie, même si la tension monte et que les rumeurs aillent bon train : en mai et en juin, deux Soyouz, emportant des satellites militaires, ont explosé, jetant une ombre sur la fiabilité d'un matériel qui avait jusque-là fait ses preuves. Dans les esprits commence à planer un doute : peut-on encore faire aveuglément confiance aux Russes ? Leurs problèmes économiques remettent-ils en question leur rigueur traditionnelle ? Début août, certains médias étrangers évoquent un nouveau report du vol de Claudie, pour des problèmes techniques. Fausses nouvelles... Pourtant, après avoir connu des difficultés lors d'un essai au sol, les Russes décident d'utiliser un modèle standard pour le moteur central de Soyouz et non la version plus puissante qui avait été prévue. De quoi pimenter un peu plus le suspens qui croît de jour en jour : ce départ aura-t-il lieu, oui ou non ? Enfin, coup de théâtre le vendredi 7 août : lors d'un énième contrôle médical, on découvre que le commandant de bord Guennady Manakov souffre de « problèmes cardiaques mineurs ». L'équipe titulaire va-t-elle être remplacée par l'équipe doublure, comme le veut la tradition ? Panique... Après des heures d'angoisse, on apprend que Claudie partira malgré tout, accompagnée du commandant de bord et ingénieur de bord doublures, Valéri Korzoun et Alexandre Kaléri. Ouf!

Comment vit-on des moments aussi éprouvants? « Quand on s'appelle Claudie André-Deshays, très bien! » répond le médecin des cosmonautes au nom prédestiné, Bernard Comet, qui la suite depuis sa sélection en 1985 et qui fait partie aujourd'hui de ses amis intimes.

« Claudie nous a prouvé, une fois de plus, sa force de caractère. A priori, j'avais peur qu'elle ne se montre pas assez combative, qu'elle soit un peu exposée dans ce milieu très machiste, mais en réalité elle s'est sortie de toutes ces épreuves avec beaucoup de brio. C'est actuellement celle qui m'a le plus impressionné parmi les cosmonautes! Tout d'abord parce qu'elle a horreur des conflits, donc elle réagit toujours avec beaucoup de calme et de patience quand il y a un problème et elle finit par le résoudre d'une façon très diplomatique. Et pour ce départ, elle s'est contrôlée encore mieux que je ne l'aurais imaginé. Très vite, elle est " entrée " dans sa mission, elle s'est complètement concentrée sur son objectif, sans se laisser influencer par les émotions extérieures, les angoisses des autres. Dans des moments aussi intenses, tout le monde a peur, votre famille, vos amis, c'est difficile de résister aux pressions de l'entourage! Même Jean-Pierre était impressionné, mais elle disait: " Il vit ce que j'ai vécu à son départ! " et elle restait très sereine Je pense que justement le vol de Jean-Pierre l'a beaucoup aidée, elle a observé comment cela se passait et elle s'est très bien préparée à toutes les émotions qui l'attendaient. Du coup, elle ne se posait plus aucune question.

« Et puis, elle sait utiliser le talent des autres : face

à quelqu'un qui a telle ou telle compétence, elle n'essayera pas de lui voler la vedette, mais le laissera faire pour pouvoir se concentrer sur autre chose. Et ça, ça plaît beaucoup ! Dans leurs propos et dans leurs attitudes, les Russes lui ont prouvé une estime inconditionnelle et, vu les circonstances, c'était important pour elle ! »

Nous laissons Claudie nous raconter elle-même comment elle a vécu cette aventure qu'elle attendait depuis dix ans :

Après avoir été déclarés aptes au départ, nous partons avec l'équipe et les familles le 27 juillet à Rouza, à 150 km de Moscou, pour nous reposer. C'est merveilleux : une grande datcha au milieu de la forêt devant un lac avec rien d'autre à faire que dormir, organiser des barbecues et se balader en canot sur l'eau. Le 2 août, nous nous envolons pour Baïkonour afin de tester l'étanchéité de nos scaphandres et la fiabilité de notre vaisseau. Petit coup au cœur, c'est un moment très intense car pour la première fois, nous sommes en situation réelle. Jusque-là, nous avions toujours travaillé sur des simulateurs et des maquettes. Cette fois-ci, ce n'est plus du jeu ! Je suis un peu intimidée, j'ai peur de rayer la visière de mon scaphandre, de ne pas avoir assez de place... mais non, tout se passe bien. On essaye nos fameux sièges, moulés selon les mesures de notre corps, on vérifie tout dans les moindres détails. Tout est parfait !

Retour à la Cité des Étoiles pour les derniers examens et quand, le vendredi suivant, nous faisons un dernier électrocardiogramme et que je vois celui de Guennady, je sais tout de suite, en tant que médecin, qu'il ne peut pas voler. C'est beaucoup trop dangereux.

Alors, tout se précipite : réunion, décision, j'ai à

peine eu le temps de paniquer et de me poser des questions qu'on nous annonce que je pars avec les coéquipiers de l'équipage doublure. Tout est confus dans ma tête, je suis à la fois heureuse d'avoir échappé au pire et triste pour Guennady car c'est une nouvelle très grave, qui annule sa mission mais risque de mettre en péril sa carrière de pilote. C'est très dur aussi pour Pavel qui se prépare depuis six ans à l'aventure ! Mais sa réaction est extraordinaire. Il prend la nouvelle avec beaucoup de philosophie et son premier réflexe est de fixer des rendez-vous avec le nouvel ingénieur de bord pour lui donner des tuyaux et travailler avec lui. Belle leçon de solidarité ! Nous passons notre week-end à réviser ensemble certains points, à passer de nouveaux examens car il faut nous trouver un langage commun, « reformer » une équipe.

Le lundi 12, nous partons pour Baïkonour, hôtel des Cosmonautes. Là encore, nous travaillons d'arrache-pied car nous allons disposer d'une réserve de carburant moins importante que pour les autres vols – nous sommes déjà très chargés – et nous ne pouvons donc nous offrir qu'une seule tentative d'arrimage automatique. Habituellement, en cas de problème, les cosmonautes peuvent recommencer l'opération pour s'amarrer à la station Mir. Cette fois-ci c'est impossible, il nous faut donc nous exercer encore et encore à l'amarrage manuel au cas où...

Le souvenir le plus intense qu'il me restera de ces derniers jours « sur Terre », ce sont nos liaisons avec Mir. Nous avons des stations radio amateurs qui nous permettent un contact d'excellente qualité et chaque soir, nous montons trois ou quatre fois sur le toit de l'hôtel avec Jean-Pierre, Lionel Suchet, le chef du projet, Léopold Eyharts, ma doublure, et Dominique, sa femme. Et là, sous un ciel rempli d'étoiles, car sa pureté est exceptionnelle à Baïkonour, nous parlons avec les cosmonautes de la station en les voyant passer au-dessus de notre tête, sous la constellation Cassiopée. C'est une émotion fabuleuse, l'idée d'être déjà avec eux et de partager ces instants avec des gens que j'aime, c'est très fort !

Je prépare mes affaires, j'emporte mon collier de perles, bien sûr, il ne m'a jamais quittée. Ça fait souvent rire les gens, mais je m'en fiche, pour moi c'est un symbole, celui du passage de l'adolescente à la femme. J'aime bien le sentir sous ma combinaison. Je prends aussi une crème hydratante pour le visage car dans l'atmosphère artificielle de Mir, j'en aurai besoin. Un rouge à lèvres, un crayon noir pour les yeux et un peu de bonne mine pour ne pas avoir l'air trop fatiguée lors des liaisons avec la terre. Ça va être pratique un brin de maquillage, attachée avec des harnais ! Pour les cheveux, pas de problèmes, je les ai coupés court pour que ce soit plus facile. Je ne prends pas de livres, je n'aurai pas le temps. Je veux profiter pleinement de ce que je vais voir, juste des photos de ma famille, de mes petits neveux, de Jean-Pierre, et puis de la musique, Mozart. J'ai préparé toutes mes fiches pour ne rien oublier là-haut, car je vais être débordée, entre les expériences, les visites de la station pour les chaînes de télévision, les reportages, etc.

Jour J – 1, *vendredi 16 août*, j'ai brusquement l'impression que tout va très vite, un peu trop peut-être. C'est bizarre, ce sentiment d'être dépassée par les événements, de ne plus pouvoir retenir le temps. La journée avec ses derniers préparatifs file à toute allure et le soir, à 19 heures, nous nous retrouvons, comme le veut la tradition, à regarder *Soleil blanc dans le désert*, ce vieux film en noir et blanc à la gloire du communisme que Gagarine avait visionné avant son départ. Nous sommes là, derrière notre vitre comme dans un aquarium et, tout d'un coup, le déclic se produit.

Tout change dans ma tête, je me dis « Allez, il faut y aller ! J'ai attendu trop d'années, travaillé trop de jours et de nuits pour m'effrayer maintenant. Je vais – enfin – aller voir ce qu'il se passe là-haut, je vais faire partie des quelque trois cents privilégiés qui, dans le monde, ont eu la chance inouïe de contempler la planète à 350 km d'altitude ! » C'est drôle, maintenant, je voudrais que les choses aillent encore plus vite.

Il me reste un peu de temps pour écrire des lettres à tous ceux qui me sont chers, pour leur dire combien je les aime et je les remercie avant de partir. Pour leur rappeler aussi que je compte sur eux pendant ce vol. Je vais avoir besoin de leur soutien pour que tout se passe bien, c'est sûr.

Il est minuit et demi, je vais bientôt dormir. Il faut que je sois en pleine forme demain. J'ai mal dormi la nuit dernière, sans cesse à refaire l'inventaire de mes affaires, angoissée à l'idée d'oublier quelque chose. J'ai d'ailleurs dû faire une petite sieste car j'étais épuisée. Mais maintenant, tout va bien, je me sens prête. Je n'ai pas peur, j'ai hâte de partir !

Samedi 17 août. C'est le grand jour. Il faut se préparer médicalement avec des opérations pas toujours agréables, lavement, désinfection, etc. Tout se fait avec mon médecin, Bernard Comet, qui me connaît parfaitement et avec qui je me sens très à l'aise. Et puis, en tant que médecin, je peux faire beaucoup de choses moi-même, je préfère ! Ensuite, nous partons à la fameuse séance d'habillage, très protocolaire. Des hommes en blouse blanche nous aident à enfiler nos scaphandres. Derrière la vitre, je vois ma famille, ma mère qui semble très émue, ma sœur, mon frère, Jean-Pierre...

Deux heures quarante-cinq précises avant le décollage, nous partons à la cérémonie de « l'adieu à la Terre ». Il y a environ 400 personnes massées sur la petite place, des Russes, des Kazakhs, c'est le seul moment ouvert à tous. J'ai juste le temps d'apercevoir des têtes connues, des gens que j'aime, qui m'ont entourée et aidée. C'est bon de les voir une dernière fois, même si tout va très, très vite. Sourire à la presse, un dernier regard, Jean-Pierre me prend la main et m'embrasse, je monte dans le bus... *poekhali !* »

Le décollage se déroule formidablement bien, d'une façon beaucoup plus douce que je ne l'avais imaginé. Michel Tognini m'avait raconté le déroulement précis des choses, alors je n'ai pas vraiment été surprise. D'autant plus que Sacha m'a expliqué que notre fusée fonctionne au kérosène, ce qui donne une mise en orbite plus régulière, plus lente qu'une fusée classique, plus puissante. Mais c'est vrai qu'à chaque séparation des étages, on reçoit un bon coup de pied aux fesses !

La sensation de micro-gravité ? On ne la ressent pas si intensément que ça car on est harnaché, je l'ai surtout perçue grâce à mon petit nounours que j'ai suspendu juste au-dessus de moi et qui, tout d'un coup, se met à voler lentement, merveilleusement... Mais ce qui m'impressionne le plus, c'est la vision extraordinaire, la première vision que l'on a de la Terre à travers le hublot. Comme il est derrière moi, je sors de ma manche mon miroir et je regarde dedans. C'est fabuleux, la Terre, le Soleil, la ligne d'horizon... depuis le temps que je rêvais de contempler un tel spectacle !

Quand nous avons ouvert l'écoutille qui donne accès au Bloc orbital, Valéri m'a dit : « J'ai trouvé une lettre pour toi, le facteur est déjà passé ! » C'est une longue lettre de Pavel, adorable comme toujours, pleine de conseils et de vœux pour ma protection. Il avait demandé à Valéri de me la donner à ce moment précis. Je trouve décidément qu'il a un caractère formidable, je le respecte beaucoup. Dans ma poche de combinaison, j'ai maintenant une lettre que Jean-Pierre m'a donnée avant de partir et celle de Pavel. Que c'est bon, cette fraternité !

Tiens, nous avons emmené un passager clandestin : je me suis fait piquer par un moustique !

Dimanche 18. La magie continue ! Aujourd'hui, j'ai vu les îles de Sumatra et Java, la nuit, avec des petites lumières dans les villages, c'est très émouvant d'imaginer la vie qui y règne. J'ai été très impressionnée aussi par les incendies en Afrique et les orages qui se succèdent avec des éclairs en série sur l'Indonésie.

J'ai desserré les bracelets autour de mes cuisses qui doivent empêcher le sang de monter à la tête car je me sens étonnamment bien. Nous avons d'ailleurs beaucoup de chance tous les trois ; depuis hier personne n'est malade. On fait des tours de piste dans le Bloc orbital, on se balade et on s'amuse comme des fous. Sinon, on regarde par les hublots, on ne s'en lasse pas ! Nous avons un globus, un petit globe qui nous indique notre position au-dessus de la terre car au début ce n'est pas très facile. J'ai hâte de mieux savoir me repérer pour profiter pleinement du spectacle.

Hier, Valéri et moi avons dormi dans le Bloc orbital. Dans la nuit, je l'ai vu, le nez coincé entre deux containers. Je me suis dit « Quelle horreur, il va s'asphyxier ! » et je l'ai un peu tiré vers le bas. Et ce matin, il m'a dit : « Cette nuit, je t'ai aperçue le nez collé au plafond, alors je t'ai tirée vers le bas ! » Cela nous a bien amusés : en fait avec les mouvements du vaisseau, on a tendance à se retrouver scotché contre le mur du haut... J'ai malgré tout dormi six heures sans interruption. Les repas sont très simples, forcément, peu de liquide et de la nourriture compacte, viande, poisson, fruits secs, gâteau et chocolat. Pas de boissons chaudes pour le moment, dommage, je me serais bien offert un petit café !

Lundi 19. Nous arrivons ! C'est vrai que l'arrimage est très impressionnant. On aperçoit au loin un point minuscule qui grandit progressivement. Petit à petit, on devine les modules et enfin on finit par voir la station dans toute sa splendeur avec, juste en dessous, la Terre qui défile, majestueuse. Notre vaisseau tourne sur lui-même très lentement pour absorber au maximum la lumière du Soleil et alimenter nos batteries solaires. L'image est vraiment sublime, d'autant que nous devons attendre l'autorisation d'arrimage, ce qui nous laisse le temps de contempler le paysage. Nous avons branché le système radio pour entrer en liaison avec l'équipage à bord de la station mais – ô surprise – nous sommes tombés sur de la musique traditionnelle russe... L'ambiance n'en est devenue que plus émouvante ! Plus tard, ils nous expliqueront qu'ils n'arrivaient pas non plus à nous joindre, et qu'ils ont mis un peu de musique par dépit. Mais pour nous, l'effet était très réussi !

L'arrimage se fait parfaitement, tout en douceur. Nous retirons nos scaphandres, vérifions l'étanchéité de la jonction avec la station, et trépignons d'impatience ! Nous les entendons de l'autre côté, plus que quelques minutes à attendre... enfin nous ouvrons la porte !

C'est drôle de revoir des amis qui nous ont quittés il y a six mois ! Ils se sont faits tout beaux pour nous recevoir et, de notre côté, nous avons les bras chargés de paquets, lettres de leurs familles, cadeaux et autres surprises.

Ma première impression de la station n'est pas celle du joyeux désordre, qui surprend souvent les cosmonautes, mais de sa taille ! En sortant de notre minuscule vaisseau, cela me paraît immense et... très compliqué, un vrai labyrinthe ! Où faut-il aller ? On nous dirige vers le Bloc central pour partager le pain et le sel, selon la tradition russe des grandes retrouvailles.

Notre premier repas ensemble est une vraie fête. Nous sortons des concombres, tomates, citrons, pommes, fromages, qui sentent bon notre vieille Terre et pour ceux qui mangent du lyophilisé et de la nourriture en tube depuis six mois, c'est un grand moment !

Après le dîner, Shannon Lucid m'emmène pour m'expliquer comment les choses fonctionnent. Elle a déjà tout installé dans le module Pré-Moda où je vais vivre : ustensiles de toilette, shampooing sans rinçage, linge, pantoufles, vêtements de rechange, petits sachets d'eau si je me réveille la nuit, et même un magnétophone pour écouter de la musique ! C'est le bonheur car je n'ai pas pu emporter le mien, puisque au dernier moment, on nous a demandé de réduire le poids de nos bagages dans le Soyouz. Shannon, c'est notre maman à tous. Elle a beaucoup d'expérience et vit ici depuis quatre mois, c'est un peu sa maison et elle joue à la perfection son rôle d'hôtesse. Grâce à elle, ma chambre est prête !

Mardi 20. 8 h 15, tut ! C'est le bruit du réveil qui va nous faire lever chaque matin. Quelques minutes plus tard, un deuxième appel, en anglais « *Breakfast !* » et en français « Petit déjeuner ! » nous annonce de douces perspectives : ces dames sont servies ! En fait, préparer le petit déjeuner, ici, signifie brancher le distributeur d'eau, la fameuse eau récupérée à partir de la transpiration de nos corps, pour qu'elle chauffe. Ensuite, chacun se fait son café, sa soupe ou plus, car les Russes prennent le matin un repas très copieux.

La station est vraiment immense, avec un module où il faut entrer à plat ventre, un autre auquel on accède sur le dos, un troisième où l'on pénètre tourné sur le côté... au début ce n'est pas évident ! Je me perds un peu et je me trompe tout le temps de chemin, mais je vais finir par m'y retrouver : il faut simplement toujours garder un point de repère.

Mise en place des instruments avec, bien sûr, des petits problèmes de réglage. Je n'arrête pas ! Depuis hier, je n'ai pas encore eu le temps de mettre le nez au hublot. D'autant que le module où je dors n'en possède pas et que je ne peux pas aller la nuit réveiller les autres pour regarder dehors. Il faut absolument que je m'organise pour garder quelques instants de liberté dans la journée.

Mercredi 21 (voix un peu lasse). Il est 1 h 15 du matin, je termine à peine. Nous avons vraiment beaucoup de travail, le rythme est très intense. Ce soir j'ai injecté mes pleurodèles, j'espère qu'elles vont pondre.

J'ai – enfin – pu regarder durant quelques minutes la Terre : c'est inimaginable, indescriptible, cent fois, mille fois, dix mille fois plus beau que ce que j'avais imaginé. Le spectacle de la nuit, du lever du jour, du Soleil, des nuages... Mon Dieu, que la nature est belle !

Jeudi 22. Nous avons encore un travail de fous ! A 1 heure du matin, j'étais encore en train de décoller mes électrodes de l'expérience Doppler ! Mais je suis contente, nous avons fait tout ce que nous avions à faire et, ce matin, mes pleurodèles ont commencé à pondre. Ce soir, j'ai même vu les premières divisions cellulaires, victoire ! Elles ne pondent pas encore beaucoup, mais elles pondent ! L'ambiance à bord est très sympathique. Il faut dire que nous avons tous à peu près le même âge, d'où une complicité, une entraide très fortes. Il n'y a que Shannon, qui est un peu à part, parce qu'elle est un peu plus âgée, plus réservée de caractère et surtout qu'elle a beaucoup de travail de son côté. Mais elle a un caractère exceptionnel, toujours charmante, disponible, maternelle. C'est la grande sœur, au milieu de cinq gamins un peu turbulents !

Vendredi 23. Grande joie : j'ai réussi à constituer mes fichiers informatiques et je peux ainsi communiquer avec Jean-Pierre sur le computer. On s'écrit de longues lettres, pour se parler seul à seule, ce qui n'est pas possible lors des liaisons avec la Terre où nous avons des discussions très techniques, en présence de toute l'équipe.

L'atmosphère est toujours formidable. Chacun participe aux travaux divers mais les Youri font beaucoup de choses, préparent les boissons, etc., avec toujours autant de gentillesse, sans cesse à me demander si je n'ai besoin de rien. Tout à l'heure, je suis sortie du module où je faisais une expérience et un bon café bien chaud m'attendait, car ils ont repéré que c'était mon petit péché mignon.

Samedi 24. Il est 0 h 45, je suis bien installée dans mon sac de couchage. Nous avons encore eu une grosse journée ! Tous les samedis, c'est le grand ménage hebdomadaire. C'était très drôle de voir les Youri s'activer avec leurs torchons et leurs aspirateurs. C'est un peu la même chose que sur Terre mais en beaucoup plus compliqué !

Cet après-midi, nous avons eu une demi-heure de liaison avec nos familles, cela nous a fait du bien. Jean-Pierre avait l'air détendu, j'étais heureuse de lui parler un peu plus longtemps que d'habitude. Le soir, nous avons organisé un dîner français avec les menus préparés par le lycée de Souillac, tomates confites, cailles au madiran, espadon, confit de canard aux câpres, semoule aux abricots, gâteau de riz... c'était délicieux ! J'avais emporté du fromage, bien empaqueté, qui a parfaitement supporté le voyage et nous avons trouvé du pain américain pour aller avec. Enfin, nous nous sommes offert du bon vin ! Bourgogne, vins du Sud, vins d'Alsace... nous n'avons pas tout bu ce soir, mais nous en avons bien profité !

Dimanche 25 (voix très émue). La journée a été beaucoup plus calme. Pour la première fois, j'ai eu le temps de bien regarder à travers le hublot et je ne m'en lasse pas. Là, je suis dans mon sac de couchage, il est très tard, j'ai autour de moi mes photos personnelles, le visage de Jean-Pierre qui me sourit, mes nounours et l'écouteur du magnétophone de Shannon sur les oreilles. Je contemple la Terre, en écoutant de la belle musique. Tout à l'heure, c'était la Callas, maintenant *Le Carnaval des animaux* de Saint-Saëns. C'est tellement beau ! J'ai vu le soleil se coucher sur le Canada, avec ses couleurs flamboyantes, vertes, violettes, jaunes... maintenant, c'est la nuit, avec la Voie lactée, la Lune presque pleine, c'est hallucinant ! Si j'avais raté un moment pareil, j'aurais manqué beaucoup de ma vie. Je ressens un bonheur si intense, si profond, comme je n'en ai jamais éprouvé sur terre, à planer au-dessus de toute cette beauté que... j'en pleure de joie.

Lundi 26. J'ai encore perdu un câble. C'est terrible, depuis que je suis ici, je passe mon temps à perdre quelque chose ! Ma montre, mon appareil photo, j'ai beau les couvrir de velcro, rien n'y fait ! En fait, pour être un cosmonaute parfait, il faudrait posséder trois ou quatre mains, pour pouvoir tout tenir et rattraper en même temps ! Et puis j'ai encore des pieds malhabiles car il faudrait que je parvienne à prendre des choses avec, ce qui n'est pas encore le cas. Par exemple, j'ai un cahier entre les genoux et je m'accroche les orteils contre un morceau de métal qui sort du mur, mais je ne tiens pas très bien, donc j'écarte les genoux, je perds le cahier, en allant le chercher, je perds mon stylo et c'est parti ! Ça m'agace ! En même temps, ça me fait hurler de rire parce que ça crée des situations assez gaguesques. Sans cesse, on me rapporte quelque chose. Tout à l'heure, Youri m'a retrouvé mon chronomètre, un peu plus tard, c'était Valéri avec ma lampe de poche. Du coup, on a mis une petite liste contre le mur où chacun écrit : « Ai perdu cahier jaune, si vous le voyez, SVP, le rapporter à Claudie ! »

Mardi 27. Avec Jean-Pierre, on a réussi à trouver un code secret sur radio-amateur et chaque fois que je passe au-dessus de Moscou, on se parle. On dispose d'environ quatre, cinq minutes, c'est génial ! Je pense à lui tout le temps et j'ai envie de lui dire que je l'aime à chaque instant, alors c'est vraiment une grande joie que de se parler tous les deux, sans que personne écoute, comme si nous étions seuls au monde.

Mercredi 28. L'ambiance est toujours aussi agréable. Même si je n'ai moi-même pas toujours le temps, je vois souvent mes coéquipiers russes en train de blaguer autour d'un thé. La nourriture est d'ailleurs bien meilleure que ce que m'avait décrit Jean-Pierre. Nous avons eu la chance que la navette américaine soit venue auparavant apporter de nombreuses victuailles. Résultat, il y a des plats américains, russes, français, variés, bien présentés et très bons. Tout est dans de grands containers « viande », « poissons », « dessert » et chacun se sert selon ses petites manies, ses habitudes, ses envies.

Maintenant, je me repère très bien sur la Terre et je peux interrompre une expérience à la minute près pour aller photographier telle ou telle image. Aujourd'hui, j'ai vu la Bretagne, il n'a pas l'air de faire très beau ! Certaines visions sont vraiment paradisiaques : les Bahamas, par exemple, ça vaut toutes les promesses dans les brochures de voyage ! Des perles posées sur l'océan... J'ai fait une photo du cyclone Edwards près des États-Unis, c'est très impressionnant !

Jeudi 29. J'ai eu une liaison avec notre ministre François Fillon. J'ai d'ailleurs un tee-shirt à lui offrir comme cadeau car il en voulait un qui soit « allé dans l'espace ». A un moment, il m'a dit : « Je vous passe quelqu'un ! » et j'ai entendu mon frère, ensuite, il m'a dit : « Cette fois-ci, je vous passe un de vos plus fervents admirateurs ! » et c'était mon petit neveu Thibaut. J'étais vraiment très émue de leur parler. Plus tard, dans la soirée, j'ai eu ma mère, qui se trouvait dans mon appartement à Paris. Elle était épatée que l'on puisse communiquer aussi facilement !

Avant d'aller me coucher, je passe un bon moment dans le module Kuant 2, qui possède trois hublots. Dans l'un, je vois la pleine Lune, dans l'autre, la nuit noire, éclairée de milliers, de millions d'étoiles ! c'est incroyable. Cela n'a rien à voir avec nos cieux, même les plus beaux, car ici, il n'y a ni nuages ni atmosphère et la vision est donc totalement limpide. C'est féerique ! Surtout que l'on voit les étoiles se lever, se coucher, passer à l'horizon, c'est comme un film, on aurait presque l'impression que c'est le soleil qui tourne autour de nous tellement cela semble irréel. A regarder une telle magie, en écoutant du Schubert et du Beethoven, j'en ai des frissons dans le dos. C'est grisant.

Vendredi 30. J'ai eu une grosse frayeur. Michel Tognini avait apporté ici un masque d'horreur pour faire des blagues. Et ça n'a pas raté, Youri est arrivé derrière moi, discrètement, avec cet immonde masque sur le visage pendant que je faisais une expérience et j'ai hurlé ! J'ai mis cinq minutes à m'en remettre et tout le monde a bien ri !

La fin de la mission approche, je n'ai pas envie de rentrer. Bien sûr, je suis heureuse de retrouver ceux que j'aime, surtout Jean-Pierre, mais ce que l'on ressent ici est tellement fort, tellement unique, que l'on ne veut pas que cela s'arrête.

Samedi 31. J'ai encore eu une de ces peurs ! En allant voir mes pleurodèles, je croise une énorme bulle en plastique pleine d'eau, avec un diamètre d'environ quatre-vingts centimètres. Affolée, je file prévenir Youri et nous découvrons un problème de pompage sur un réservoir qui avait formé cette grosse bulle. Il a fallu la transvaser mais nous avons surtout piqué une bonne crise de fou rire ! Nous nous amusons beaucoup, dès que nous avons un petit moment ensemble...

C'est avec les deux Youri que je repars, nous devons vérifier nos équipements et commencer à ranger nos affaires. Ça sent le retour, tristesse.

Dimanche 31. Journée de travail puis de rangement. Après quatorze jours ici, il y en a partout ! En fin d'après-midi, nous nous sommes offert un dernier bon repas tous ensemble, mais tout va très vite maintenant. A 18 heures, nous sommes allés nous allonger pour nous reposer avant la descente sur terre. J'ai un peu dormi entre 19 heures et 20 heures mais trop de choses me trottent dans la tête, surtout l'idée que le rêve va s'achever. Finalement je me suis levée pour aller encore contempler notre planète.

Lundi 1er septembre. A 1 heure du matin, nous prenons une dernière petite collation. Nous absorbons du sel pour compenser les effets de perte liquidienne durant le séjour et être capables de supporter le choc du retour. On se dit au revoir, très vite, trop vite. On a envie de se dire plein de choses, que l'on a passé ensemble des moments merveilleux, que l'on n'oubliera jamais mais le temps presse. Il faut filmer le départ, vérifier nos appareils, accumuler les procédures... J'espère que nous nous reparlerons très vite lors d'une liaison à Terre.

4 heures : fermeture de l'écoutille entre la station et notre vaisseau.

6 heures : désarrimage. On attend l'impulsion de freinage avec un peu d'appréhension : le moteur va-t-il bien fonctionner ? OK ! Tout est parfait. Notre vaisseau se détache de la station.

Vient ensuite la séparation des trois modules, un vrai feu d'artifice ! Ça explose de tous les côtés, on voit, à travers les hublots, des morceaux de ferraille filer dans l'infini, c'est impressionnant !

Puis nous traversons le plasma. Je pensais que cela ne durait qu'une minute. En fait, c'est plus long, quatre, cinq minutes. C'est un moment magnifique où l'on traverse le feu dans des couleurs extraordinaires, rose, rouge, jaune... Les hublots deviennent tout noirs, puis à nouveau, on recommence à voir la lumière, avant l'ouverture des parachutes. L'instant est d'une violence inouïe, on se croirait dans un panier à salade géant, balancé de tous les côtés, on a l'impression qu'on va heurter le tableau de bord, alors on ferme les yeux et on attend que ça passe.

Après une minute et demie de valse furieuse, le calme revient. On se prépare au choc de l'atterrissage, on se regroupe, bien serrés les uns contre les autres pour mieux affronter la chute. Boum ! C'est un peu comme si l'on était garé dans sa voiture et qu'un autre véhicule vienne nous percuter de plein fouet. Mais bon, tout va bien. Nous nous retrouvons dans un champ de blé avec d'immenses gerbes de part et d'autre des hublots, c'est superbe. Merci la Terre de nous accueillir aussi joliment. Nous entendons au loin les hélicoptères arriver. Dans quelques minutes, nous allons retrouver nos amis, nos collègues de travail, notre vie normale. Bonheur et mélancolie... c'était si beau là-haut... Dites, les Youri, quand est-ce que l'on repart contempler les étoiles ?

Les Russes sont des poètes ! Voici une ode en l'honneur de notre cosmonaute, écrite par un de ses amis, et traduite par Claudie elle-même.

L'Univers de Claudie

Serguei KPITCHEVSKI

Madame Claudie ANDRÉ-DESHAYS

Chez nous c'est l'hiver, à Paris tombe la pluie...
Mais par un matin neigeux, à la Cité des Etoiles, regardes !
Elle vole, en me laissant derrière,
Claudie dans son Univers.

Par la course de ses jambes fines, elle fait tourner les pédales,
Et la trace de sa bicyclette s'imprime sur la neige russe...
Comme une flèche, attends, ne pars pas,
Claudie dans ton Univers

Découvre les sages secrets de la grammaire et de la technique,
Fais les tiens. Devines ceux de la Médecine, jusqu'à la molécule...
A force de travail et avec le sourire, tu réussiras
Claudie dans ton Univers.

A Paris il y a la Seine, à la Cité tombe la pluie
Et beaucoup d'eau déjà a coulé en un an
le malheur est bien sûr devant toi..
Claudie dans ton Univers.

Même s'il y a peu de place dans les vaisseaux spatiaux
les yeux grands ouverts comme dans les songes fantastiques,
Avec l'éclat d'une étoile, élèves toi jusqu'au ciel
Claudie dans ton Univers.

A Paris c'est l'été, à la Cité on sent l'odeur de l'herbe coupée
la terre défile dans un monde de paix
Mais dans l'Espace et dans les coeurs, il y a ta trace
Claudie et ton Univers.

N'oublie pas trop vite la Russie,
Ici il y a l'immensité, une langue, une âme chaleureuse
Reviens à la Cité, nous t'attendons
Claudie dans ton Univers

En Russie et en France avec le ciel au milieu
Sur terre et dans le Cosmos où passent les chemins étoilés,
que s'accomplissent tes rêves les plus chers.
Claudie dans ton bel Univers

P.S. : Ne juges pas ces vers trop sérieusement
Claudie dans ton Univers,
Ce poème est mon cadeau, en souvenir des jours passés
à la Cité

Ton ami russe, ton ami cosmonaute.

Serguei

REMERCIEMENTS À...

La famille de Claudie, à Alain Berthoz qui dirige le laboratoire de physiologie neurosensorielle de Paris, à Antonio Guel, responsable du département des Sciences de la vie au CNES, à René Bost, directeur de l'Institut de médecine et de physiologie spatiale à Toulouse, au chef du projet de la Mission *Cassiopée* Lionel Suchet et à son adjoint Hervé Stévenin, à Jacques Villain, chef du département Information et Stratégie à la SEP et à Jean-Pierre Haigneré, cosmonaute parti pour la Mission *Altaïr* en 1993.

Ouvrages et journaux m'ont également beaucoup aidée : *Sciences et Vie, Ça m'intéresse,* le numéro spécial du *Monde diplomatique* et du CNES : « *Savoir 3 :* les enquêtes de l'espace », et plus particulièrement l'excellente revue *Ciel et Espace*. A consulter également *Aujourd'hui, le soleil se lève 16 fois,* par Patrick Baudry et Benoît Fraisse (Michel-Lafon/Carrère), *Spatiale 1,* par Jean-Loup Chrétien, Patrick Baudry et Bernard Chabbert (Plon) et *Sonate au clair de terre,* de Jean-Loup Chrétien (Denoël).

De nombreuses anecdotes se trouvent dans *Les Grandes Heures des conquérants de l'Espace,* par Pierre Kohler (Perrin) et *Baïkonour, la porte des Étoiles* (Armand Colin, SEP). Pour mieux comprendre la médecine spatiale : *L'Espace et la Vie*, de Aubert Planel (Larousse). Enfin, deux collections faciles à lire et passionnantes : *BT, Bibliothèque du Travail*, revue en collaboration avec le CNES, qui explique notamment cette « surprenante impesanteur » et *Explora*, de la Villette (Presses-Pocket), qui raconte « l'homme dans l'espace » par Jean-Pierre Penot.

TABLE

Cet ouvrage a été réalisé par la
SOCIÉTÉ NOUVELLE FIRMIN-DIDOT (Mesnil-sur-l'Estrée)

Achevé d'imprimer en décembre 1996

Imprimé en France
Dépôt légal : septembre 1996
N° d'édition : 12680 - N° d'impression : 36750